Lecture Notes in Mathematics

A collection of informal reports and seminars
Edited by A. Dold, Heidelberg and B. Eckmann, Zürich

Series: Mathematisches Institut der Universität Bonn · Adviser: F. Hirzebruch

66

Dirk Ferus

Mathematisches Institut der Universität zu Köln

Totale Absolutkrümmung in Differentialgeometrie und -topologie

1968

Springer-Verlag Berlin · Heidelberg · New York

Library of Congress Catalog Card Number 68-55622 Printed in Germany. Title No. 3672

Einleitung

Die Fragestellung der Theorie der totalen Absolutkrümmung läßt sich an einem einfachen Beispiel folgendermaßen beschreiben: Sei f eine Immersion der kompakten Fläche M in den dreidimensionalen euklidischen Raum. Dann ist bekanntlich das Integral der Gaußschen Krümmung G von f eine topologische Invariante, nämlich das 2π-fache der Eulerschen Charakteristik von M. Was läßt sich nun über das Integral von $|G|$ aussagen? – Typische Ergebnisse lauten: Ist das Integral kleiner als 6π, so ist M homöomorph zur Sphäre. Ist das Integral gleich 4π, so ist f(M) eine konvexe Hyperfläche.

Die vorliegende Arbeit ist entstanden aus der Beschäftigung mit den Untersuchungen von S.CHERN, R.K.LASHOF, N.H.KUIPER und anderen über verwandte Fragen. Neben einer Übersicht über die bekannten Resultate geben wir den Beweis einer Verallgemeinerung eines Unverknotetheits-Satzes von I.FARY und J.MILNOR. Als Konsequenz aus diesem Satz und dem im Anhang behandelten Beispiel erhalten wir: Ist $k(\Sigma)$ für Σ aus der Sphärengruppe bP_{4m+2}, $m \geq 1$, das Infimum der Krümmungswerte aller möglichen Einbettungen von Σ in den euklidischen Raum mit Kodimension 2, so ist $k(\Sigma)$ gerade die doppelte Ordnung von Σ in der zu 0 oder $\mathbf{Z}_2$ isomorphen Gruppe bP_{4m+2}.

Für Immersionen in euklidische Räume läßt sich die totale Absolutkrümmung deuten als Mittel über die Anzahl der kritischen Punkte gewisser Funktionen. Diese Deutung schlägt eine Brücke zur Differentialtopologie, und über sie erhält man fast alle bekannten Sätze der Theorie. Das Fehlen einer entsprechenden Formel im nicht-euklidischen Fall hat sich bisher als hartnäckiges Hindernis allen Versuchen einer Erweiterung der Theorie auf Immersionen in beliebige Riemannsche Mannigfaltigkeiten entgegen gestellt. Im sechsten Paragraphen zeigen wir einen Weg, wie sich die Schwierigkeiten für kompakte Flächen in dreidimensionalen, elliptischen Raumformen umgehen lassen. Unsere dort erzielten Resultate geben die teilweise Lösung eines von Kuiper gestellten Problems, vergleiche [26], Problem 15.

Es sei noch bemerkt, daß wir uns auf C^∞-differenzierbare Abbildungen und Mannigfaltigkeiten beschränken. Für stetige (polyhedrale) Abbildungen sei auf die Arbeiten [22], [25], [26] von N.H.KUIPER und [1] von T.BANCHOFF verwiesen.

Herrn Professor P. Dombrowski möchte ich für die Anregung und Förderung dieser Arbeit danken.

Inhalt

Zur Terminologie.

Differenzierbarkeit wird stets vom Typ C^∞ verstanden.

"Mannigfaltigkeit" oder "differenzierbare Mannigfaltigkeit" meint "hausdorffsche C^∞-Mannigfaltigkeit mit abzählbarer Basis".

Vektor- und Sphärenbündel $\xi = (E,\pi,M)$ sind differenzierbare Bündel mit Totalraum E, Projektion π und Basismannigfaltigkeit M; die Faser in $p \in M$ wird mit ξ_p oder E_p bezeichnet. $\Gamma(\xi)$ ist die Menge der auf offenen Teilmengen des Basisraumes definierten, differenzierbaren Schnitte in ξ. Bündelmorphismen schreiben wir zuweilen als Paar $(\bar{f},f)$, wobei dann $\bar{f}$ die Abbildung der Totalräume und f die der Basen ist.

Das Tangentialbündel der Mannigfaltigkeit M wird mit τ_M, sein Totalraum mit TM bezeichnet, und wir schreiben T_pM statt $(TM)_p$ für den Tangentialraum in p. Für differenzierbare Abbildungen $f: M \to \tilde{M}$ ist $f_*: TM \to T\tilde{M}$ die induzierte Abbildung. f ist eine Immersion, wenn $\dim f_*(T_pM) = \dim T_pM$ für alle $p \in M$ gilt. Eine injektive Immersion heißt Einbettung.

Sphären in endlich-dimensionalen, (orientierten) euklidischen Vektorräumen verstehen wir ohne besondere Erwähnung als (orientierte) Riemannsche Untermannigfaltigkeiten mit der durch die Inklusion und die kanonische Riemannsche Struktur des euklidischen Vektorraumes induzierten Metrik. Die Orientierung ist dabei gegebenenfalls so definiert, daß (modulo kanonischer Identifizierungen) ein äußerer Normalenvektor, den man einer orientierten Basis auf der Sphäre voranstellt, diese zu einer orientierten Basis des Vektorraumes ergänzt.

$\mathbf{R}$:= reelle Zahlen, $\mathbf{C}$:= komplexe Zahlen, $\mathbf{Z}$:= ganze Zahlen,

$\mathbf{N}$:= natürliche Zahlen einschließlich 0,

$\mathbf{R}_+$:= positive reelle Zahlen,

$\mathbf{N}_+$:= positive natürliche Zahlen.

§1. Zur Differentialgeometrie gewisser Bündel.

In diesem Paragraphen soll zunächst kurz skizziert werden, wie sich die Struktur einer kovarianten Ableitung in einem Vektorbündel ξ überträgt auf geliftete Bündel $f^*\xi$, vgl.[6], [17], [19]. Weiter wird die Geometrie des Normalenbündels von Immersionen, das für die äußere Krümmungstheorie von fundamentaler Bedeutung ist, näher untersucht. Schließlich geben wir die Definition einer "Faservolumenform" auf dem Totalraum gewisser Bündel.

Es sei $\xi = (E,\pi,M)$ ein differenzierbares Vektorbündel und ∇ eine kovariante Ableitung für ξ, vgl. [19]. ∇ induziert eine Direkte-Summen-Zerlegung des Tangentialbündels τ_E von E in einen vertikalen Summanden $v\tau_E$ und einen horizontalen Summanden $h\tau_E$. Dabei gilt

$$v\tau_E = \ker\,(\pi_*\colon \tau_E \to \tau_M),$$

und der Horizontalraum $(h\tau_E)_e$ in einem Punkt $e \in E$ ist folgendermaßen gekennzeichnet:

Ist $s \in \Gamma(\xi)$, $s \circ \pi(e) = e$ und gilt für alle $X \in T_{\pi(e)}M$ $\nabla_X s = 0$, so ist

$$(h\tau_E)_e = s_*(T_{\pi(e)}M).$$

Es sei bemerkt, daß zu $e \in E$ stets ein Schnitt $s \in \Gamma(\xi)$ mit den angegebenen Eigenschaften existiert.– Der Vertikalraum $(v\tau_E)_e$ in $e \in E$ ist kanonisch isomorph zum Tangentialraum $T_e(E_{\pi(e)})$ in e an die entsprechende Faser $E_{\pi(e)}$. Die durch die Direkte-Summen-Zerlegung und diesen Isomorphismus definierte Projektion von T_eE auf $T_e(E_{\pi(e)})$ werde vorübergehend mit ϕ_e bezeichnet.

1.1 <u>Definition:</u> Für einen endlich-dimensionalen $\mathbf{R}$-Vektorraum V und $v \in V$ bezeichne $P_v := d(\exp_v)\colon T_vV \to V$ den kanonischen Isomorphismus und $P_V\colon TV \to V$ die dadurch induzierte Abbildung.

1.2 <u>Definition:</u> $\xi = (E,\pi,M)$ sei ein differenzierbares Vektorbündel mit kovarianter Ableitung ∇. Definiere eine Abbildung

$$K: TE \longrightarrow E$$

durch

$$KY := P_{E_{\pi(e)}} \circ \Phi_e(Y)$$

für alle $Y \in T_eE$, $e \in E$.

K heißt die Zusammenhangsabbildung von (ξ,∇). Man verifiziert für sie die folgenden Eigenschaften:

(i) K ist differenzierbar.

(ii) K bildet jede Faser T_eE von τ_E epimorph auf $\xi_{\pi(e)}$ ab.

(iii) $(h\tau_E)_e = \ker (K|T_eE)$ für alle $e \in E$.

(Die Aussagen (i) und (ii) implizieren, daß K sich deuten läßt als C^∞-Differentialform vom Grade 1 auf E mit Koeffizienten in $\pi^*\xi$).

1.3 Satz: Unter den Voraussetzungen von (1.2) gilt:

(i) Für alle $s \in \Gamma(\xi)$ ist

$$\nabla s = K \circ s_*.$$

(ii) Ist $f: \tilde{M} \longrightarrow M$ eine differenzierbare Abbildung von Mannigfaltigkeiten und $(\bar{f},f): f^*\xi \longrightarrow \xi$ der kanonische Homomorphismus, so wird durch

$$\bar{f}((f^*\nabla)t) := K \circ (\bar{f} \circ t)_*$$

für alle $t \in \Gamma(f^*\xi)$ eine kovariante Ableitung $f^*\nabla$ für das induzierte Vektorbündel $f^*\xi$ definiert. Sie heißt die durch f induzierte kovariante Ableitung für $f^*\xi$.

Beweis: Vgl. [6], [17].

Die äußere Krümmungstheorie von immersierten Mannigfaltigkeiten ist eng verbunden mit dem Normalenbündel der Immersion, dessen Geometrie wir deshalb im folgenden studieren.

1.4 Definition: M sei eine differenzierbare Mannigfaltigkeit, $(\tilde{M},\tilde{g})$ eine Riemannsche Mannigfaltigkeit und $f\colon M \to \tilde{M}$ eine Immersion. Dann erhält man eine exakte Sequenz von Vektorbündeln

$$0 \to \tau_M \to f^*\tau_{\tilde{M}},$$

und wir deuten die Injektion von τ_M in $f^*\tau_{\tilde{M}}$ als Inklusion. Das orthogonale Komplement von τ_M in $f^*\tau_{\tilde{M}}$ bezüglich der auf die bekannte Weise durch $\tilde{g}$ induzierten Fasermetrik von $f^*\tau_{\tilde{M}}$ ist ein Vektorbündel über M, das sogenannte Normalenbündel ν_f von f (bezüglich $\tilde{g}$). Man hat also

$$f^*\tau_{\tilde{M}} = \tau_M \oplus \nu_f.$$

$\tilde{g}$ induziert eine Fasermetrik h_f für ν_f. Ist weiter $\tilde{\nabla}$ die torsionsfreie, metrische, kovariante Ableitung von $(\tilde{M},\tilde{g})$ (=: der Levi-Civita-Zusammenhang von $(\tilde{M},\tilde{g})$), und $f^*\tilde{\nabla}$ definiert gemäß (1.3), so erhält man eine kovariante Ableitung $\overset{f}{\nabla}$ für ν_f, indem man auf einen Schnitt $s \in \Gamma(\nu_f) \subset \Gamma(f^*\tau_{\tilde{M}})$ zunächst $f^*\tilde{\nabla}$ anwendet und das Resultat orthogonal auf ν_f projiziert. Eine einfache Rechnung zeigt, daß $\overset{f}{\nabla}$ metrisch bezüglich h_f ist, also für alle $p \in M$, $X \in T_pM$ und in p definierten Schnitte $s,s' \in \Gamma(\nu_f)$ gilt:

$$X\cdot h_f(s,s') = h_f(\overset{f}{\nabla}_X s,s') + h_f(s,\overset{f}{\nabla}_X s').$$

1.5 Definition: Seien M, $(\tilde{M},\tilde{g})$ und f wie in (1.4). Das Einheitssphärenbündel von ν_f bezüglich der Fasermetrik h_f heißt das Einheitsnormalenbündel von f und wird mit ν_f^1 bezeichnet. Ist $\nu_f =: (N,\pi,M)$ und $\nu_f^1 =: (N^1,\pi^1,M)$, so gilt also:

$$N^1 = \{\, e \in E \,/\, h_f(e,e) = 1 \,\} \quad \text{und} \quad \pi^1 = \pi | N^1.$$

1.6 Lemma: Es sei $f\colon M \to \tilde{M}$ eine Immersion der differenzierbaren Mannigfaltigkeit M in die Riemannsche Mannigfaltigkeit $(\tilde{M},\tilde{g})$. Es sei weiter

$$\nu_f =: (N,\pi,M), \quad \tau_M =: (TM,\pi_M,M), \quad \tau_N =: (TN,\pi_N,N),$$

$\overset{f}{\nabla}$ definiert wie in (1.4) und K die Zusammenhangsabbildung von $(\nu_f,\overset{f}{\nabla})$.

Schließlich sei $\Delta: \tau_N \to \tau_N \oplus \tau_N$ die Diagonalabbildung. Die Bündelhomomorphismen $(\pi_*,\pi): \tau_N \to \tau_M$ und $(K,\pi): \tau_N \to \nu_f$ liefern einen Bündelhomomorphismus

$$\alpha_f := (\pi_* \oplus K)\circ\Delta: \tau_N \to \tau_M \oplus \nu_f = f^*\tau_{\tilde{M}}.$$

Dieses α_f ist faserweise ein Isomorphismus, induziert also einen Bündelisomorphismus α_f' von τ_N auf $\pi^* f^* \tau_{\tilde{M}}$.

Beweis: (π_*,π) und (K,π) sind surjektiv und nach (1.2) gilt $\tau_N = \ker(\pi_*,\pi) \oplus \ker(K,\pi)$. Also ist auch α_f faserweise surjektiv. Aber die Faserdimensionen der beiden Bündel τ_N und $f^*\tau_{\tilde{M}}$ sind gleich, und daraus folgt die Behauptung.

1.7 Korollar: M sei eine differenzierbare Mannigfaltigkeit, $(\tilde{M},\tilde{g})$ eine Riemannsche Mannigfaltigkeit und $f: M \to \tilde{M}$ eine Immersion mit dem Normalenbündel $\nu_f = (N,\pi,M)$ und dem Einheitsnormalenbündel $\nu_f^1 = (N^1,\pi^1,M)$. Dann gilt:

(i) N ist auf kanonische Weise eine Riemannsche Mannigfaltigkeit.

(ii) Besitzt $\tilde{M}$ eine Orientierung, so besitzt auch N eine kanonische Orientierung.

(iii) Besitzt $\tilde{M}$ eine Parallelisierung, so besitzt auch N eine kanonische Parallelisierung.

Alle drei Strukturen übertragen sich nämlich von $\tau_{\tilde{M}}$ unmittelbar auf $\pi^*f^*\tau_{\tilde{M}}$, und die oben genannten "kanonischen" Strukturen für N sind dadurch charakterisiert, daß α_f' strukturerhaltend ist.

(i') N^1 ist auf kanonische Weise Riemannsche Mannigfaltigkeit, nämlich als Untermannigfaltigkeit von N mit der Metrik aus (i).

(ii') Ist $\tilde{M}$ orientiert, so erhält N^1 auf die folgende Weise eine kanonische Orientierung: Sei $i: N^1 \to N$ die Inklusion. Dann gilt $i^*\tau_N = \nu_i \oplus \tau_{N^1}$. Die Orientierung von $\tilde{M}$ liefert eine Orientierung für τ_N nach (ii) und damit eine Orientierung für $i^*\tau_N$. Aber ν_i besitzt eine ausgezeichnete Orientierung, bei der die "äußeren

Normalen" von N^1 positiv orientiert sind. Die Orientierung von τ_{N^1} sei dann so gewählt, daß $i^*\tau_N = \nu_i \oplus \tau_{N^1}$ (in dieser Reihenfolge!) als Gleichung für orientierte Bündel gilt.

Ist $f: M \to \tilde{M}$ eine Immersion in die Riemannsche Mannigfaltigkeit $(\tilde{M},\tilde{g})$ mit Kodimension 1, so ist die Projektion $\pi^1: N^1 \to M$ des Einheitsnormalenbündels von f eine (im allgemeinen nicht zusammenhängende) zweiblättrige Überlagerung. Die kanonische Metrik auf N^1 ist dann, wie man sofort aus der Definition entnimmt, dadurch charakterisiert, daß π^1 eine Isometrie auf $(M,f^*\tilde{g})$ ist.
Im folgenden wollen wir die geometrische Bedeutung der kanonischen Metrik auf N noch an dem weniger trivialen Beispiel einer FRENET-Kurve erläutern. Ein drittes Beispiel (Untermannigfaltigkeiten euklidischer Räume) findet man in [12].

1.8 Beispiel: Sei M ein offenes, nicht-leeres Intervall von $\mathbf{R}$, $(\tilde{M},\tilde{g})$ eine $\tilde{m}$-dimensionale Riemannsche Mannigfaltigkeit und $f: M \to \tilde{M}$ eine Immersion. Wir verwenden die Bezeichnungen von (1.4) und (1.5). Es gebe ein auf ganz M definiertes, orthonormales Basisfeld $e_1,\dots,e_{\tilde{m}}$ für $f^*\tau_{\tilde{M}}$ und differenzierbare Funktionen $k_1,\dots,k_{\tilde{m}-1}: M \to \mathbf{R}$, so daß e_1 ein tangentiales Vektorfeld, d.h. $e_1 \in \Gamma(\tau_M)$, ist und für alle $i \in \{1,\dots,\tilde{m}\}$ gilt:

$$(f^*\tilde{\nabla})_{e_1} e_i = -k_{i-1}e_{i-1} + k_i e_{i+1}, \qquad (1)$$

wobei wir $k_o = k_{\tilde{m}} = 0$ und $e_o = e_{\tilde{m}+1} = 0 \in \Gamma(f^*\tau_{\tilde{M}})$ setzen. (Diese Situation liegt z.B. vor, wenn f ein C^∞-Weg im $\mathbf{R}^3$ ist, dessen Geschwindigkeitsvektor und Krümmung nirgends verschwinden. (e_1,e_2,e_3) ist dann das begleitende Dreibein, k_1 die Krümmung und k_2 die Torsion (Windung) von f). Durch

$$k: p \longmapsto (\,\delta_{i+1,j}k_i(p) - \delta_{i,j+1}k_j(p)\,)_{i,j=2,\dots,\tilde{m}}$$

ist eine Abbildung von M in den Raum V der $(\tilde{m}-1)$-reihigen, quadratischen

Matrizen gegeben. Es sei $p_o \in M$ und $A = (A_{ij})_{i,j=2,\dots,\tilde{m}}: M \longrightarrow V$ die Lösung der Differentialgleichung

$$dA(e_1) + Ak = 0, \quad A(p_o) = \mathrm{Id}. \tag{2}$$

Weil k schief-symmetrisch ist, ist A(p) für alle $p \in M$ eine orthogonale Matrix. Wir setzen für $i \in \{2,\dots,\tilde{m}\}$

$$\bar{e}_i := \sum_{j=2}^{\tilde{m}} A_{ij} e_j .$$

Aus (1) und (2) folgt sofort

$$\overset{f}{\nabla}_{e_1} \bar{e}_i = 0. \tag{3}$$

Definiert man $u: N \longrightarrow M \times \mathbf{R}^{\tilde{m}-1}$ durch

$$u(e) := (\pi(e), \tilde{g}(e,\bar{e}_2), \dots, \tilde{g}(e,\bar{e}_{\tilde{m}})),$$

so ergibt sich aus (3) und (1.3), daß u eine Isometrie von N mit der kanonischen Metrik auf $(M, f^*\tilde{g}) \times (\mathbf{R}^{\tilde{m}-1}, \langle \dots, \dots \rangle)$ ist.

Schließlich merken wir noch an, daß für den oben erwähnten Fall einer Kurve im $\mathbf{R}^3$ gilt:

$$\bar{e}_2 = e_2 \cos \varphi + e_3 \sin \varphi$$
$$\bar{e}_3 = -e_2 \sin \varphi + e_3 \cos \varphi .$$

Dabei ist $(-\varphi)$ eine Stammfunktion zur Torsion k_2, d.h. es gilt $e_1 \cdot \varphi = \frac{d\varphi}{ds} = -k_2$ und $\varphi(p_o) = 0$. e_2 und e_3 sind der Haupt- und der Binormalenvektor von f.

Zum Schluß dieses Paragraphen definieren wir auf dem Totalraum gewisser Vektor- und Sphärenbündel eine Differentialform vom Grade der Faserdimension, deren Bedeutung für die Theorie der äußeren Krümmung sich in (2.6) zeigen wird.

1.9 <u>Definition:</u> Sei $\xi = (E,\pi,M)$ ein orientiertes $\mathbf{R}$-Vektorbündel der Faserdimension k. Sei ∇ eine kovariante Ableitung und h eine ∇-parallele Fasermetrik für ξ, d.h. es gelte für alle $s,s' \in \Gamma(\xi)$ und $X \in TM$:

$X\cdot h(s,s') = h(\nabla_X s,s') + h(s,\nabla_X s')$. Die Zusammenhangsabbildung von (ξ,∇) werde mit K bezeichnet, vgl. (1.2).

(i) Für $p \in M$ sei μ_p die Volumenform des orientierten, euklidischen Vektorraumes ξ_p. Wir definieren die Faservolumenform ω von (ξ,∇,h) durch

$$\omega(Y_1,\ldots,Y_k) := \mu_{\pi(e)}(KY_1,\ldots,KY_k)$$

für alle $e \in E$ und $Y_1,\ldots,Y_k \in T_eE$. Man verifiziert leicht, daß ω eine differenzierbare, alternierende Differentialform vom Grade k auf E ist.

(ii) $\xi^1 = (E^1,\pi^1,M)$ bezeichne das Einheitssphärenbündel von ξ bezüglich h. Es sei $i: E^1 \to E$ die Inklusion und $\Phi \in \Gamma(\tau_E)$ das "Radialfeld", d.h. das eindeutig bestimmte, vertikale Vektorfeld auf E mit $K\Phi_e = e$ für alle $e \in E$. Dann definieren wir die Faservolumenform ω^1 von (ξ^1,∇,h) durch

$$\omega^1 := i^*(\Phi \neg \omega).$$

Dabei bezeichne $\Phi \neg \omega$ die durch Einsetzen von Φ in das erste Argument von ω entstehende (k-1)-Form $\omega(\Phi,\ldots,.)$. ω^1 ist eine differenzierbare, alternierende Differentialform vom Grade k-1 auf E^1.

Der Name "Faservolumenform" wird durch folgenden Sachverhalt gerechtfertigt:

1.10 Lemma: Unter den Voraussetzungen und Bezeichnungen von (1.9) betrachten wir die Fasern E_p und E_p^1 für $p \in M$ als Riemannsche, orientierte Mannigfaltigkeiten (Metrik und Orientierung auf die übliche Weise durch die entsprechenden Strukturen des Vektorraumes E_p induziert) mit den Volumenformen $\bar{\mu}_p$ und $\bar{\sigma}_p$. Mit $i_p: E_p \to E$ und $j_p: E_p^1 \to E^1$ bezeichnen wir die Inklusionen. Dann gilt

$$i_p^*\omega = \bar{\mu}_p \quad \text{und} \quad j_p^*\omega^1 = \bar{\sigma}_p.$$

Beweis: Trivial.

1.11 <u>Beispiele:</u>

<u>(i)</u> Sei (M,g) eine orientierte Riemannsche Mannigfaltigkeit mit dem Tangentialbündel $\tau_M = (TM,\pi,M)$. Sei ∇ der Levi-Civita-Zusammenhang für (M,g) und $\varkappa$ die Volumenform von (M,g) bezüglich der Orientierung. Sei weiter ω die Faservolumenform von (τ_M,∇,g) und K die Zusammenhangsabbildung von (τ_M,∇). Dann induzieren die Bündelhomomorphismen $(\pi_*,\pi)\colon \tau_{TM} \to \tau_M$ und $(K,\pi)\colon \tau_{TM} \to \tau_M$ einen Isomorphismus

$$\tau_{TM} \cong \pi^*\tau_M \oplus \pi^*\tau_M,$$

durch den TM auf kanonische Weise zu einer orientierten Riemannschen Mannigfaltigkeit wird. Ist $\tilde{\mu}$ die Volumenform derselben, so findet man:

$$\tilde{\mu} = (\pi^*\varkappa)\wedge\omega.$$

<u>(ii)</u> Sei $(M,g) = (\mathbf{R}^n,\langle\ldots,\ldots\rangle)$ der euklidische $\mathbf{R}^n$ und ω dafür definiert wie in (i). Sei ω^1 die entsprechende Faservolumenform des Einheitstangentialbündels $(\tau_{\mathbf{R}^n})^1$. Sei $P_{\mathbf{R}^n}\colon T\mathbf{R}^n \to \mathbf{R}^n$ definiert wie in (1.1) und $P^1_{\mathbf{R}^n}\colon (T\mathbf{R}^n)^1 \to S^{n-1}$ die Beschränkung von $P_{\mathbf{R}^n}$ auf den Totalraum des Einheitstangentialbündels. Schließlich bezeichne λ_n bzw. σ_{n-1} die Volumenform der orientierten Riemannschen Mannigfaltigkeit $\mathbf{R}^n$ bzw. S^{n-1}. Dann gilt:

$$\omega = (P_{\mathbf{R}^n})^*\lambda_n \quad \text{und} \quad \omega^1 = (P^1_{\mathbf{R}^n})^*\sigma_{n-1}.$$

Den Beweis führt man durch Einsetzen der natürlich sich anbietenden orthonormalen Basen der entsprechenden Tangentialräume.

§2. Die totale Absolutkrümmung.

Nach den Vorbereitungen im ersten Paragraphen definieren wir nun die von uns betrachteten Krümmungsgrößen und weisen ihre elementaren Eigenschaften nach. Unsere Definition der Lipschitz-Killing-Krümmung stimmt mit der in [35] gegebenen überein und ist die natürliche Verallgemeinerung des in [5] für Immersionen in euklidische Räume betrachteten Begriffs.

2.1 Definition: M sei eine differenzierbare, $(\tilde{M},\tilde{g})$ eine Riemannsche Mannigfaltigkeit. $f: M \to \tilde{M}$ sei eine Immersion und $\tilde{\nabla}$ der Levi-Civita-Zusammenhang von $(\tilde{M},\tilde{g})$. Dann war in (1.3) eine kovariante Ableitung $f^*\tilde{\nabla}$ für $f^*\tau_{\tilde{M}}$ definiert. Wir bezeichnen mit $\nu_f = (N,\pi,M)$ das Normalenbündel von f und mit

$$((\ldots)^T,\ id_M): f^*\tau_{\tilde{M}} \to \tau_M$$

die kanonische Projektion, vgl. (1.4).

(i) Für $s \in \Gamma(\nu_f) \subset \Gamma(f^*\tau_{\tilde{M}})$ definieren wir den 2.Fundamentaltensor

$$S_s \in \Gamma(\mathrm{End}\ \tau_M)$$

von f bezüglich s durch

$$S_s := ((f^*\tilde{\nabla})s)^T.$$

(ii) Die Abbildung $s \mapsto S_s$ von $\Gamma(\nu_f)$ in $\Gamma(\mathrm{End}\ \tau_M)$ ist additiv und homogen bezüglich der Multiplikation mit C^∞-Funktionen. Daher ist für $s \in \Gamma(\nu_f)$ und p aus dem Definitionsbereich von s der Endomorphismus $(S_s)_p$ von T_pM nur abhängig vom Wert von s in p. Also können wir für alle $p \in M$ und $e \in N_p$ definieren

$$S(e) := (S_s)_p \in \mathrm{End}\ T_pM,$$

wobei s ein beliebiger, in p definierter Schnitt aus $\Gamma(\nu_f)$ mit $s_p = e$ ist. Die auf ganz N definierte Abbildung $e \mapsto S(e)$ liefert also einen Schnitt im Bündel $\mathrm{Hom}(\nu_f,\ \mathrm{End}\ \tau_M)$. S(e) bezeichnen wir auch als den 2.Fundamentaltensor von f in $e \in N$.

(iii) Für $p \in M$ und $e \in N_p$ definieren wir die bilineare Abbildung l_e von T_pM in $\mathbf{R}$ durch

$$l_e(X,X') := f^*\tilde{g}(S(e)X,X')$$

für alle $X,X' \in T_pM$. l_e heißt die 2.Fundamentalform von f in $e \in N$.

Geometrisch gedeutet ist (für $e \in N_p$, $X \in T_pM$) der Vektor $-S(e)X$ die Geschwindigkeit, mit der der in Richtung f_*X in $\tau_{\tilde{M}}$ bezüglich $\tilde{\nabla}$ parallelverschobene Tangentialvektor e an $\tilde{M}$ aus der Normalenlage bezüglich f herauskippt.

2.2 Lemma: Voraussetzungen und Bezeichnungen wie in (2.1). Weiter sei $p \in M$, $e \in N_p$, $X \in T_pM$ und $t \in \Gamma(\tau_M) \subset \Gamma(f^*\tau_{\tilde{M}})$ definiert auf einer Umgebung von p. Die kanonische Metrik von $f^*\tau_{\tilde{M}}$ werde ebenfalls mit $\tilde{g}$ bezeichnet.
Dann gilt:

$$l_e(X,t_p) = -\tilde{g}(e,(f^*\tilde{\nabla})_X t).$$

Beweis: Sei $s \in \Gamma(\nu_f)$ definiert in p und $s_p = e$. Dann ist

$$0 = X\cdot\tilde{g}(s,t) = \tilde{g}((f^*\tilde{\nabla})_X s,t_p) + \tilde{g}(e,(f^*\tilde{\nabla})_X t) =$$
$$= \tilde{g}(\,((f^*\tilde{\nabla})_X s)^T,t_p) + \tilde{g}(e,(f^*\tilde{\nabla})_X t),$$

und daraus folgt die Behauptung.

Aus (2.2) und der Torsionsfreiheit von $\tilde{\nabla}$ ergibt sich:

2.3 Korollar: Voraussetzungen und Bezeichnungen wie in (2.1). Sei $p \in M$, $e \in N_p$ und $X,X' \in T_pM$. Dann gilt

$$l_e(X,X') = l_e(X',X),$$

d.h. die 2.Fundamentalform ist symmetrisch.

2.4 <u>Definition:</u> M sei eine m-dimensionale, differenzierbare und $(\tilde{M},\tilde{g})$ eine $\tilde{m}$-dimensionale Riemannsche Mannigfaltigkeit. Es sei $m < \tilde{m}$ und $f: M \to \tilde{M}$ eine Immersion mit dem Normalenbündel $\nu_f = (N,\pi,M)$ und dem Einheitsnormalenbündel $\nu_f^1 = (N^1,\pi^1,M)$. S sei für diese Daten definiert wie in (2.1). Schließlich sei für alle natürlichen Zahlen k

$$c_k := \text{Volumen der Einheitssphäre } S^k \text{ im } \mathbf{R}^{k+1}.$$

<u>(i)</u> Für alle $e \in N$ definieren wir

$$G(e) := \det S(e).$$

G ist eine differenzierbare Funktion auf N und heißt die <u>Lipschitz-Killing-Krümmung von f</u>. Die Beschränkung von G auf N^1 werde mit G^1 bezeichnet.

<u>(ii)</u> Sei $p \in M$. Nach (1.7) ist N^1 und damit auch N_p^1 eine Riemannsche Mannigfaltigkeit. Wir wählen eine Orientierung für N_p^1 und bezeichnen mit σ_p die entsprechende Volumenform.

$$\tau(f,p) := (c_{\tilde{m}-1})^{-1} \int_{N_p^1} |(G|N_p^1)| \, \sigma_p$$

ist offensichtlich unabhängig von der gewählten Orientierung und heißt die <u>absolute Krümmung von f in p</u>.

<u>(iii)</u> Zunächst sei die Riemannsche Mannigfaltigkeit N^1 orientierbar. (Nach (1.7) ist das stets der Fall, wenn $\tilde{M}$ orientierbar ist). Wir wählen eine Orientierung und bezeichnen mit μ^1 die entsprechende Volumenform auf N^1. Weiter sei $|G^1|\mu^1$ über N^1 lebesgue-integrierbar. Dann heißt

$$\tau(f) := (c_{\tilde{m}-1})^{-1} \int_{N^1} |G^1| \, \mu^1$$

die <u>totale Absolutkrümmung von f</u>. Trivialerweise ist diese Definition unabhängig von der Wahl der Orientierung für N^1.

Ist nun N^1 nicht-orientierbar, so gibt es eine zweiblättrige, orientierbare Überlagerung $\bar{\pi}: \bar{N}^1 \to N^1$, die ebenfalls eine kanonische Riemannsche Struktur erhält (nämlich so, daß $\bar{\pi}$ eine isometrische Immersion wird). Wir wählen nun für diese eine Orientierung und entsprechende Volumenform

$\overline{\mu}^1$ und definieren die totale Absolutkrümmung von f als

$$\tau(f) := \frac{1}{2}(c_{\tilde{m}-1})^{-1} \int_{\overline{N}^1} |G^1 \circ \overline{\pi}| \overline{\mu}^1,$$

falls das Integral existiert. Es läßt sich nun zeigen, daß diese Definition unabhängig von der Wahl von $\overline{N}^1$ und seiner Orientierung ist.

Nach (2.4) ist die totale Absolutkrümmung $\tau(f)$ zum Beispiel immer dann definiert, wenn die immersierte Mannigfaltigkeit M kompakt ist. Abgesehen von Zwischenschritten in manchen Beweisen wird das auch der einzige im folgenden betrachtete Fall sein.

2.5 Beispiele:

(i) Sei M eine m-dimensionale Mannigfaltigkeit und $f: M \to \mathbf{R}^{m+1}$ eine Immersion in den euklidischen $\mathbf{R}^{m+1}$. Dann ist ν_f^1 eine doppelte Überlagerung von M. Ist M orientierbar, so hängen die Blätter nicht zusammen, und die Wahl einer Orientierung O zeichnet ein Blatt N_O^1 aus, dergestalt daß $e \in N_p^1 \cap N_O^1$ – einer orientierten Basis von T_pM vorangestellt – diese zu einer orientierten Basis von $T_{f(p)}\mathbf{R}^{m+1}$ ergänzt. Dann gilt für $e \in N_p^1 \cap N_O^1$:

$$G(e) = \text{Gaußsche Krümmung von } f \text{ (bezüglich O) in } p.$$

(ii) Sei $(\tilde{M},\tilde{g})$ eine Riemannsche Mannigfaltigkeit und $f: M \to \tilde{M}$ eine Immersion des offenen, nicht-leeren Intervalls M von $\mathbf{R}$. Die geodätische Krümmung von f in $p \in M$ ist definiert als

$$\varkappa_f(p) := \| (f^*\tilde{\nabla})_{\frac{d}{ds}} f' \|_p.$$

Dabei bezeichnet $\tilde{\nabla}$ den Levi-Civita-Zusammenhang von $(\tilde{M},\tilde{g})$, $\|\ldots\|$ die von $\tilde{g}$ induziert Norm, und es ist

$$\frac{d}{ds} := \|\dot{f}\|^{-1} \frac{\partial}{\partial x} \in \Gamma(\tau_M),$$

$$f' := f_*(\frac{d}{ds}) \in \Gamma(f^*\tau_{\tilde{M}}).$$

In Punkten $p \in M$ mit $\varkappa_f(p) \neq 0$ ist der Hauptnormalenvektor $n_o(p)$ definiert durch

$$n_o(p) := -\frac{1}{\varkappa_f(p)}\left((f^*\tilde{\nabla})_{\frac{d}{ds}} f'\right)_p .$$

Es gilt für $\tilde{m} := \dim \tilde{M} \geqq 3$:

$$\varkappa_f(p) = G(n_o(p)), \quad \text{falls } \varkappa_f(p) \neq 0, \tag{1}$$

und

$$\tau(f,p) = \frac{1}{\pi}\varkappa_f(p). \tag{2}$$

<u>Beweis:</u> Wegen $\tilde{g}(f',f') = 1$ folgt aus (2.2) für jeden Normalenvektor e von f im Punkte $p \in M$:

$$G(e) = l_e\left(\frac{d}{ds}\Big|_p, \frac{d}{ds}\Big|_p\right) = -\tilde{g}\left(e, (f^*\tilde{\nabla})_{\frac{d}{ds}|_p} f'\right). \tag{3}$$

Ist $\varkappa_f(p) = 0$, so folgt (2) direkt aus (3). Andernfalls erhält man aus (2.4.ii), (2) und (3) mit dem Satz von Fubini nach kurzer Rechnung:

$$\tau(f,p) = \frac{2}{\tilde{m}-2}\,\frac{c_{\tilde{m}-3}}{c_{\tilde{m}-1}}\,\varkappa_f(p),$$

und mit $c_{n-1} = 2(\sqrt{\pi})^n(\Gamma(\frac{n}{2}))^{-1}$ folgt die Behauptung.

Für Immersionen orientierter, m-dimensionaler Mannigfaltigkeiten in den $\mathbb{R}^{m+1}$ definiert man in der klassischen Differentialgeometrie die Gaußsche Normalenabbildung $n: M \to S^m$. Bekanntlich ist dann die Gaußsche Krümmung von f gleich dem Proportionalitätsfaktor vom gelifteten Sphärenvolumen $n^*\sigma_m$ zum Volumen von M, das heißt, die Gaußsche Krümmung mißt die Volumenverzerrung durch n. Der folgende Satz soll einen allgemeineren Sachverhalt aufzeigen. Für beliebige Immersionen $f: M \to (\tilde{M},\tilde{g})$ in orientierte Riemannsche Mannigfaltigkeiten tritt an die Stelle der Gaußschen Krümmung die Lipschitz-Killing-Krümmung und an die Stelle der Gaußschen Normalenabbildung die 'Inklusion' $\bar{f}^1$ von N_f^1 in den Totalraum $(T\tilde{M})^1$ des Einheitstangentialbündels von $(\tilde{M},\tilde{g})$. N_f^1 hat die Dimension $(\dim \tilde{M} - 1)$. Also gilt es, in der $(2\dim \tilde{M} - 1)$-dimensionalen Mannigfaltigkeit $(T\tilde{M})^1$ eine Form zu finden, die $(\dim \tilde{M} - 1)$-dimensionale Volumina mißt, und der Vergleich mit dem klassischen Fall zeigt, daß sie "vertikale Volumina" messen soll. Dies leistet aber gerade die Faservolumenform.

2.6 Satz: M sei eine differenzierbare, $(\tilde{M},\tilde{g})$ eine Riemannsche Mannigfaltigkeit mit $m := \dim M < \tilde{m} := \dim \tilde{M}$. $\tilde{M}$ sei orientiert. $\tilde{\nabla}$ bezeichne den Levi-Civita-Zusammenhang von $(\tilde{M},\tilde{g})$. $f: M \to \tilde{M}$ sei eine Immersion mit dem Normalenbündel $\nu_f = (N,\pi,M)$ und dem Einheitsnormalenbündel $\nu_f^1 = (N^1,\pi^1,M)$. Die Inklusion $\nu_f \subset f^*\tau_{\tilde{M}}$ induziert einen Homomorphismus $(\bar{f},f): \nu_f \to \tau_{\tilde{M}}$, und wir bezeichnen mit $\bar{f}^1$ die Beschränkung von $\bar{f}$ auf N^1. G und G^1 seien definiert wie in (2.4).
Nach (1.9) sind dann die Faservolumenformen ω und ω^1 von $(\tau_{\tilde{M}},\tilde{\nabla},\tilde{g})$ und $((\tau_{\tilde{M}})^1,\tilde{\nabla},\tilde{g})$ definiert. Schließlich hat man auf N bzw. N^1 nach (1.7) ausgezeichnete Volumenformen μ bzw. μ^1.
Es gilt:

$$\bar{f}^*\omega = G\mu \quad \text{und} \quad (\bar{f}^1)^*\omega^1 = G^1\mu^1 .$$

Beweis: Die übliche Argumentation (radialer Vektor im ersten Argument) zeigt, daß es genügt, die erste Gleichung zu beweisen. Sei dazu $p \in M$, $e \in N_p$ und $\alpha: T_eN \to T_{f(p)}\tilde{M}$ der entsprechend (1.6) konstruierte Isomorphismus. $\tilde{K}$ und K seien die Zusammenhangsabbildungen von $\tilde{\nabla}$ und $\overset{f}{\nabla}$, vgl. (1.5). $\tilde{g}$ bezeichne auch die Metrik von $f^*\tau_{\tilde{M}}$.
Wir wählen $s \in \Gamma(\nu_f)$ mit $s_p = e$ und $(\overset{f}{\nabla}s)_p = 0$; eine solche Wahl ist stets möglich (Parallelverschiebung von e). Nach Definition von G genügt es nun, folgendes zu zeigen:

Ist $Y_1,\dots,Y_{\tilde{m}}$ eine orientierte Orthonormalbasis von T_eN, und sind $Y_1,\dots,Y_m$ horizontal, d.h. gilt $KY_1 = \dots = KY_m = 0$, und setzt man noch $X_i := \pi_*Y_i$ für alle $i \in \{1,\dots,m\}$, so ist

$$\bar{f}^*\omega(Y_1,\dots,Y_{\tilde{m}}) = \det\left(\tilde{g}((f^*\tilde{\nabla})_{X_i} s, X_j) \right)_{i,j=1,\dots,m}.$$

(Beachte, daß $X_1,\dots,X_m$ eine Orthonormalbasis von T_pM bilden).

Nun ist nach Konstruktion

$$\alpha(Y_1) = f_*X_1,\dots,\ \alpha(Y_m) = f_*X_m,\ \alpha(Y_{m+1}) = \bar{f}KY_{m+1},\dots,\ \alpha(Y_{\tilde{m}}) = \bar{f}KY_{\tilde{m}}$$

eine orientierte Orthonormalbasis von $T_{f(p)}\tilde{M}$. Also erhält man aus der Definition von ω:

$$\bar{F}^*\omega(Y_1,\ldots,Y_{\tilde{m}}) = \det\left(\tilde{g}(\tilde{K}\bar{F}_*Y_i,\alpha Y_j) \right)_{i,j=1,\ldots,\tilde{m}}.$$

Nun gilt trivialerweise für vertikales $Y \in T_eN$: $\tilde{K}\bar{F}_*Y = \bar{F}KY = \alpha Y$. Daraus folgt $\tilde{g}(\tilde{K}\bar{F}_*Y_i,\alpha Y_j) = \delta_{ij}$ für $m+1 \leqq i \leqq \tilde{m}$ und $1 \leqq j \leqq \tilde{m}$. Daher

$$\begin{aligned}\bar{F}^*\omega(Y_1,\ldots,Y_{\tilde{m}}) &= \det\left(\tilde{g}(\tilde{K}\bar{F}_*Y_i,f_*X_j) \right)_{i,j=1,\ldots,m}\\ &= \det\left(\tilde{g}(\tilde{K}\bar{F}_*s_*X_i,f_*X_j) \right)_{i,j=1,\ldots,m}\\ &= \det\left(\tilde{g}((f^*\tilde{\nabla})_{X_i}s,f_*X_j) \right)_{i,j=1,\ldots,m}.\end{aligned}$$

Damit ist der Satz bewiesen.

2.7 **<u>Bemerkung:</u>** Sei N eine n-dimensionale, orientierbare Mannigfaltigkeit. Dann existiert auf N eine nirgends verschwindende C^∞-Differentialform μ vom Grade $n = \dim N$. Sei η eine stetige Differentialform vom Grade n auf N. Dann gibt es eine stetige Funktion $\varphi\colon N \to \mathbb{R}$ mit $\eta = \varphi\mu$. Wir definieren nun

$$\int_N |\eta| := \int_N |\varphi|\mu,$$

falls die rechte Seite existiert. Diese Definition ist offensichtlich unabhängig von der Wahl des μ. Der Satz (2.6) zeigt, daß wir – ohne Bezug auf die kanonische Metrik von N^1 und die Theorie der 2.Fundamentalform – die totale Absolutkrümmung für Immersionen f in orientierbare Riemannsche Mannigfaltigkeiten auch durch

$$\tau(f) = (c_{\tilde{m}-1})^{-1} \int_{N^1} |(\bar{F}^1)^*\omega|$$

hätten definieren können. Dieser Weg wird (allerdings im spezielleren Fall von Immersionen in euklidische Räume) zum Beispiel von KUIPER in [20] gewählt.

Der folgende Satz bestätigt die naheliegende Vermutung über den Zusammenhang der absoluten Krümmung mit der totalen Absolutkrümmung, vgl. (2.4).

2.8 <u>Satz:</u> M sei eine m-dimensionale, kompakte, orientierbare Mannigfaltigkeit und $(\widetilde{M},\widetilde{g})$ eine Riemannsche Mannigfaltigkeit der Dimension $\widetilde{m} > m$. $f: M \to \widetilde{M}$ sei eine Immersion und $\varkappa$ die Volumenform von $(M,f^*\widetilde{g})$ bezüglich einer Orientierung für M. Dann gilt:

$$\tau(f) = \int_M \tau(f,\ldots)\varkappa,$$

wobei $\tau(f,\ldots)$ jedem $p \in M$ den Wert $\tau(f,p)$, vgl. (2.4.ii), zuordnet.

<u>Beweis:</u> Sei $M_1,\ldots,M_r$ eine Zerlegung von M in paarweis-disjunkte, meßbare Mengen, und seien $U_1,\ldots,U_r$ offene Teilmengen von M, so daß $M_i \subset U_i$ und das Bündel $\nu_f|U_i$ trivial ist für alle $i \in \{1,\ldots,r\}$. Offenbar existieren solche Mengen M_i,U_i, wenn r hinreichend groß ist. Es sei $\nu_f = (N,\pi,M)$ und $\nu_f^1 = (N^1,\pi^1,M)$. Wir setzen $M_i^1 := (\pi^1)^{-1}(M_i)$ und $U_i^1 := (\pi^1)^{-1}(U_i)$. Nach Konstruktion ist $\pi^{-1}(U_i)$, also auch U_i^1 orientierbar, und die Beschränkung der kanonischen Metrik von N^1 macht U_i^1 zu einer Riemannschen Mannigfaltigkeit. μ_i^1 sei eine Volumenform für U_i^1 mit dieser Struktur. Dann folgt aus (2.4.iii):

$$\tau(f) = (c_{\widetilde{m}-1})^{-1} \sum_{i=1}^{r} \int_{M_i^1} |G^1|\,\mu_i^1 .$$

Also genügt es zu zeigen, daß für alle i

$$(c_{\widetilde{m}-1})^{-1} \int_{M_i^1} |G^1|\,\mu_i^1 = \int_{M_i} \tau(f,\ldots)\varkappa \qquad (1)$$

ist. Wähle $\widetilde{m}-m$ orthonormale Schnitte $n_1,\ldots,n_{\widetilde{m}-m}$ in $\nu_f|U_i$ und definiere $\varrho: U_i^1 \to S^{\widetilde{m}-m-1} \subset \mathbb{R}^{\widetilde{m}-m}$ durch $\varrho(e) := (\widetilde{g}(e,n_1(p)),\ldots,\widetilde{g}(e,n_{\widetilde{m}-m}(p)))$ für $e \in U_i^1$ und $p := \pi(e)$. Sei $\varrho_p := \varrho\,|\,N_p^1$. Dann ist nach (1.6), (1.7)

$$\bar{\mu}_i^1 := (\pi^1|U_i^1)^*\varkappa \wedge \varrho^*\sigma, \qquad (2)$$

wo σ die Volumenform von $S^{\widetilde{m}-m-1}$ bezeichnet, eine Volumenform für U_i^1 im Sinne von (2.4.iii) und

$$\sigma_p := \varrho_p^*\,\sigma \qquad (3)$$

eine Volumenform für N_p^1 im Sinne von (2.4.ii).

Nach (2.4.iii) gilt

$$\int_{M_i^*} |G^*|\,\mu_i^* = \int_{M_i^*} |G^*|\,\bar{\mu}_i^*, \qquad (4)$$

wobei U_i^* für die Integration jeweils so zu orientieren ist, daß das Integral einen nicht-negativen Wert erhält. Aus (2), (3), (4) und (2.4) folgt mit dem Satz von Fubini die Behauptung (1).

2.9 <u>Beispiele:</u>

<u>(i)</u> Ist $f: S^1 \to (\tilde{M},\tilde{g})$ eine Immersion, so galt nach (2.5) für $p \in S^1$: $\tau(f,p) = 0$ genau dann, wenn $\varkappa_f(p) = 0$. Also ist nach dem letzten Satz $f(S^1)$ eine (unparametrisierte) geschlossene Geodätische genau dann, wenn $\tau(f) = 0$ ist.

<u>(ii)</u> Ist $f: S^2 \to \mathbb{R}^3$ eine Einbettung von S^2 als konvexe Hyperfläche, so erhält man aus (2.5.i) und dem Satz von Gauß-Bonnet (vgl. (3.10)):

$$\tau(f) = \int_{S^2} \tau(f,\ldots)\varkappa = \frac{1}{2\pi}\int_{S^2} \tilde{G}\varkappa = \chi(S^2) = 2,$$

wobei $\tilde{G}$ die Gaußsche Krümmung von f bezeichnet.

<u>(iii)</u> In einen achsenparallelen Quader des $\mathbb{R}^3$ bohre man g zueinander fremde, zur z-Achse parallele, zylindrische Löcher und glätte die Oberfläche des entstehenden Körpers so, daß man eine C^∞-Fläche F_g (vom Geschlecht g) mit folgender Eigenschaft erhält: Für alle Punkte von F_g, die auf dem Rande der konvexen Hülle von F_g liegen, ist die Gaußsche Krümmung $\tilde{G}$ nicht-negativ und für alle anderen Punkte von F_g nicht-positiv. Sei $A := \{\, p \in F_g \;/\; \tilde{G}(p) > 0 \,\}$ und $B := F_g - A$. Sei $\varkappa$ die Volumenform von F_g und $i: F_g \to \mathbb{R}^3$ die Inklusion. Dann erhält man nach (2.5.i) und (2.8):

$$\tau(i) = \frac{2}{4\pi}\int_{F_g} |\tilde{G}|\varkappa = \frac{1}{2\pi}\left(\int_A \tilde{G}\varkappa - \int_B \tilde{G}\varkappa\right) = 2 - \frac{1}{2\pi}\int_B \tilde{G}\varkappa .$$

Andrerseits ist nach dem Satz von Gauß-Bonnet (vgl. (3.10)):

$$\chi(F_g) = 2 - 2g = \frac{1}{2\pi}\int_{F_g} \tilde{G}\varkappa = 2 + \frac{1}{2\pi}\int_B \tilde{G}\varkappa ,$$

und daher

$$\tau(i) = 4 - \chi(F_g) = 2 + 2g.$$

Wir wenden uns nun folgender Frage zu: Sind M, $\tilde{M}$ und $\bar{M}$ Mannigfaltigkeiten, von denen $\tilde{M}$ und $\bar{M}$ Riemannsche Metriken tragen, ist $f: M \to \tilde{M}$ eine Immersion und $i: \tilde{M} \to \bar{M}$ eine Riemannsche Immersion, in welcher Relation stehen dann $\tau(f)$ und $\tau(i \circ f)$? Eine allgemeine Formel dafür können wir nicht angeben, die beiden Werte sind jedoch gleich, wenn i total-geodätisch ist, d.h. verschwindende 2.Fundamentalform besitzt. Ein weiteres Problem ist, wie sich die totale Absolutkrümmung gegenüber kartesischen Produkten von Immersionen verhält. Die Lösung beider Fragestellungen erhält man als Anwendungen des folgenden Lemmas.

2.10 Lemma:

Voraussetzung: Für $i \in \{0,1,2\}$ sei V_i ein n_i-dimensionaler, orientierter, euklidischer $\mathbb{R}$-Vektorraum, $(n_i > 0)$, mit der euklidischen Norm $\|\ldots\|_i$. $S_i := \{ v \in V_i \;/\; \|v\|_i = 1 \}$ sei seine Einheitsspäre, r_i die Beschränkung von $\|\ldots\|_i$ auf $V_i - \{0\}$ und $\gamma_i: (V_i - \{0\}) \to S_i$ mit $\gamma_i(v) := r_i(v)^{-1}v$ die Zentralprojektion vom Ursprung aus. Es gelte $V_0 = V_1 \oplus V_2$ in der Kategorie der orientierten, euklidischen Vektorräume, und $\pi_j: V_0 \to V_j$ für $j \in \{1,2\}$ sei die Projektion. Wir setzen $S := S_0 - \ker \pi_1 - \ker \pi_2$. μ_i, σ_i und σ seien die Volumenformen der (mit den kanonischen Strukturen versehenen) orientierten Riemannschen Mannigfaltigkeiten V_i, S_i und S.

Behauptung:

(i) Setzt man für $v \in S$ und $j \in \{1,2\}$

$$\phi_j(v) := \gamma_j \circ \pi_j(v) \quad \text{und} \quad \varphi(v) := \arccos \|\pi_1(v)\|_1 \in]0,\tfrac{\pi}{2}[\,,$$

so ist die Abbildung $v \mapsto (\phi_1(v), \varphi(v), \phi_2(v))$ ein Diffeomorphismus von S auf $S_1 \times]0,\frac{\pi}{2}[\times S_2$.

<u>(ii)</u> Für $i \in \{0,1,2\}$ gilt

$$\mu_i | V_i - \{0\} = r_i^{n_i-1} dr_i \wedge \gamma_i^* \sigma_i .$$

<u>(iii)</u> Es ist

$$\sigma = \phi_1^* \sigma_1 \wedge (\cos^{n_1-1}\varphi \, \sin^{n_2-1}\varphi \, d\varphi) \wedge \phi_2^* \sigma_2 .$$

<u>(iv)</u> Sind $G_i' : V_i \to \mathbb{R}$ für $i \in \{0,1,2\}$ positiv-homogene, stetige Funktionen vom Grade k_i mit

$$G_0' = (G_1' \circ \pi_1)(G_2' \circ \pi_2),$$

so gilt, wenn man $m_i := n_i + k_i$ setzt:

$$(c_{m_0-1})^{-1} \int_{S_0} G_0' \sigma_0 = \prod_{j=1}^{2} (c_{m_j-1})^{-1} \int_{S_j} G_j' \sigma_j .$$

<u>Beweis:</u> <u>(i)</u> und <u>(ii)</u> sind leicht zu verifizieren.

<u>(iii)</u>: Setze $V := V_0 - \ker \pi_1 - \ker \pi_2$, $\hat{\pi}_j := \pi_j | V$ und $\varrho_j := r_j \circ \hat{\pi}_j$ für $j \in \{1,2\}$. Dann folgt aus (ii) und $\mu_0 = \pi_1^* \mu_1 \wedge \pi_2^* \mu_2$:

$$\mu_0 | V = \varrho_1^{n_1-1} d\varrho_1 \wedge (\gamma_1 \circ \hat{\pi}_1)^* \sigma_1 \wedge \varrho_2^{n_2-1} d\varrho_2 \wedge (\gamma_2 \circ \hat{\pi}_2)^* \sigma_2$$

$$= (r_0 dr_0 | V) \wedge (\gamma_1 \circ \hat{\pi}_1)^* \sigma_1 \wedge \varrho_1^{n_1-2} \varrho_2^{n_2-1} d\varrho_2 \wedge (\gamma_2 \circ \hat{\pi}_2)^* \sigma_2 ,$$

denn $r_0^2 | V = \varrho_1^2 + \varrho_2^2$, also $\varrho_1 d\varrho_1 = r_0 dr_0 | V - \varrho_2 d\varrho_2$. Sei R das radiale Vektorfeld auf V_0 und $\iota : S \to V_0$ die Inklusion. Dann ist bekanntlich $\sigma = \iota^*(R \lrcorner \mu_0 | V)$. Wegen $\varrho_1 \circ \iota = \cos\varphi$, $\varrho_2 \circ \iota = \sin\varphi$, $\gamma_j \circ \hat{\pi}_j \circ \iota = \phi_j$ folgt

$$\sigma = \iota^*[R \lrcorner ((r_0 dr_0 | V) \wedge (\gamma_1 \circ \hat{\pi}_1)^* \sigma_1 \wedge \varrho_1^{n_1-2} \varrho_2^{n_2-1} d\varrho_2 \wedge (\gamma_2 \circ \hat{\pi}_2)^* \sigma_2)]$$

$$= \iota^* \{(\gamma_1 \circ \hat{\pi}_1)^* \sigma_1 \wedge \varrho_1^{n_1-2} \varrho_2^{n_2-1} d\varrho_2 \wedge (\gamma_2 \circ \hat{\pi}_2)^* \sigma_2\}$$

$$= \phi_1^* \sigma_1 \wedge (\cos^{n_1-1}\varphi \, \sin^{n_2-1}\varphi \, d\varphi) \wedge \phi_2^* \sigma_2 .$$

<u>(iv)</u>: Aus (iii) und dem Satz von Fubini folgt:

$$\int_{S_0} G_0' \sigma_0 = \int_S G_0' \sigma$$

$$= \int_S (G_1' \circ \pi_1)(G_2' \circ \pi_2) \cos^{n_1-1}\varphi \, \sin^{n_2-1}\varphi \, \phi_1^* \sigma_1 \wedge d\varphi \wedge \phi_2^* \sigma_2$$

$$= \int_S (G_1'\circ\phi_1)(G_2'\circ\phi_2)\cos^{m_1-1}\varphi\,\sin^{m_2-1}\varphi\;\phi_1^*\sigma_1\wedge d\varphi\wedge\phi_2^*\sigma_2$$

$$= \int_{S_1} G_1'\sigma_1 \int_{S_2} G_2'\sigma_2 \int_0^{\pi/2}\cos^{m_1-1}\varphi\,\sin^{m_2-1}\varphi\,d\varphi$$

$$= \int_{S_1} G_1'\sigma_1 \int_{S_2} G_2'\sigma_2\;\frac{\Gamma(m_1/2)\Gamma(m_2/2)}{2\,\Gamma(m_0/2)},$$

und daraus folgt mit $c_{p-1} = \frac{2(\sqrt{\pi})^p}{\Gamma(p/2)}$ die Behauptung.

2.11 Korollar: Seien M eine differenzierbare, $(\tilde{M},\tilde{g})$ und $(\bar{M},\bar{g})$ Riemannsche Mannigfaltigkeiten mit $\dim M < \dim\tilde{M} < \dim\bar{M}$. Seien $f\colon M\to\tilde{M}$ und $i\colon\tilde{M}\to\bar{M}$ Immersionen. i sei eine Riemannsche, totalgeodätische Immersion, d.h. es gilt $i^*\bar{g} = \tilde{g}$ und die 2.Fundamentalform von i verschwindet identisch. Dann gilt:

(i) Für alle $p\in M$ ist

$$\tau(f,p) = \tau(i\circ f,p).$$

(ii) Ist M kompakt, so ist

$$\tau(f) = \tau(i\circ f).$$

(Statt der Kompaktheit von M würde hier auch die Forderung genügen, daß $\tau(f)$ existiert.)

Beweis: Der Totalraum des Normalenbündels, der 2.Fundamentaltensor und die Lipschitz-Killing-Krümmung von $\alpha\in\{f,i,i\circ f\}$ seien mit N_α, S_α, G_α bezeichnet. Sei $p\in M$. Dann hat man einen kanonischen Isomorphismus

$$(N_{i\circ f})_p \cong (N_f)_p \oplus (N_i)_{f(p)}.$$

π_f und π_i seien die Projektionen von $(N_{i\circ f})_p$ auf $(N_f)_p$ und $(N_i)_{f(p)}$. Ist $(\ldots)^T$ die kanonische Projektion von $T_{f(p)}\tilde{M}$ auf T_pM, vgl. (1.4), so gilt wegen der Funktorialität des Levi-Civita-Zusammenhanges und der Voraussetzung über i für alle $e\in(N_{i\circ f})_p$ und $X\in T_pM$:

$$S_{i\circ f}(e)X = S_f(\pi_f(e)) + (S_i(\pi_i(e)f_*X))^T = S_f(\pi_f(e)),$$

also ist $G_{i\circ f}(e) = G_f(\pi_f(e))$. Daraus und aus (2.10) folgt mit $G_0' := |G_{i\circ f}|$, $G_1' := |G_f|$ und $G_2' := 1$ die Behauptung (i). Ist M orientierbar, so ergibt sich (ii) unmittelbar aus (i) und (2.8). Ist M nicht orientierbar, so kann man folgendermaßen schließen: M besitzt dann eine orientierbare, zweiblättrige Überlagerung $\eta: \hat{M} \to M$, und es ist natürlich $\tau(f\circ\eta) = 2\tau(f)$ für jede Immersion f von M. Damit ist der Fall des nichtorientierbaren M auf den ersten Fall zurückgeführt.

2.12 <u>Satz:</u> Für $i \in \{0,1,2\}$ sei $f_i: M_i \to \tilde{M}_i$ eine Immersion der m_i-dimensionalen, differenzierbaren Mannigfaltigkeit M_i in die $\tilde{m}_i$-dimensionale Riemannsche Mannigfaltigkeit $(\tilde{M}_i, \tilde{g}_i)$, $m_i < \tilde{m}_i$. Es gelte $M_0 = M_1 \times M_2$, $(\tilde{M}_0, \tilde{g}_0) = (\tilde{M}_1, \tilde{g}_1) \times (\tilde{M}_2, \tilde{g}_2)$ und $f_0 = f_1 \times f_2$, d.h. $f_0((p_1,p_2)) = (f_1(p_1), f_2(p_2))$ für alle $(p_1,p_2) \in M_1 \times M_2$. N_i sei der Totalraum des Normalenbündels, G_i die Lipschitz-Killing-Krümmung von f_i. Für $p_0 = (p_1,p_2) \in M_1 \times M_2$ hat man eine kanonische Isomorphie

$$(N_0)_{p_0} \cong (N_1)_{p_1} \oplus (N_2)_{p_2}.$$

$\pi_j: (N_0)_{p_0} \to (N_j)_{p_j}$ für $j \in \{1,2\}$ sei die Projektion. Dann gilt für $e_0 \in (N_0)_{p_0}$ und $e_1 := \pi_1(e_0)$, $e_2 := \pi_2(e_0)$:

$$G_0(e_0) = G_1(e_1)G_2(e_2).$$

<u>Beweis:</u> Sei $\tilde{\nabla}^i$ der Levi-Civita-Zusammenhang von $(\tilde{M}_i, \tilde{g}_i)$. Seien weiter $\eta_j: M_0 \to M_j$ und $\hat{\eta}_j: f_0^*\tau_{\tilde{M}_0} \to f_j^*\tau_{\tilde{M}_j}$ für $j \in \{1,2\}$ die Projektionen und sei $X_1, \dots, X_{m_0}$ ein in einer Umgebung von p_0 definiertes, orthonormales Basisfeld für τ_{M_0}, derart daß $\eta_{1*}X_1, \dots, \eta_{1*}X_{m_1}$ bzw. $\eta_{2*}X_{m_1+1}, \dots, \eta_{2*}X_m$ ein orthonormales Basisfeld $Y_1, \dots, Y_{m_1}$ bzw. $Y_{m_1+1}, \dots, Y_{m_0}$ für τ_{M_1} bzw. τ_{M_2} in einer Umgebung von p_1 bzw. p_2 definieren. Dann findet man

$$\hat{h}_k((f_o^*\tilde{\nabla}^o)_{X_i}X_j) = \begin{cases} (f_k^*\tilde{\nabla}^k)_{Y_i}Y_j, & \text{falls } k = 1 \text{ und } i,j \in \{1,\dots,m_1\}, \\ & \text{oder } k = 2 \text{ und } i,j \in \{m_1+1,\dots,m_o\} \\ 0 & \text{sonst.} \end{cases}$$

Daraus und aus (2.2) folgt

$$\begin{aligned} G_o(e_o) &= (-1)^{m_o} \det (\tilde{g}_o(e_o,(f_o^*\tilde{\nabla}^o)_{X_i}X_j))_{i,j=1,\dots,m_o} \\ &= (-1)^{m_o} \det (\tilde{g}_1(e_1,(f_1^*\tilde{\nabla}^1)_{Y_i}Y_j))_{i,j=1,\dots,m_1} \times \\ &\quad \times \det (g_2(e_2,(f_2^*\tilde{\nabla}^2)_{Y_i}Y_j))_{i,j=m_1+1,\dots,m_o} \\ &= G_1(e_1)G_2(e_2). \end{aligned}$$

2.13 <u>Korollar:</u> (Produktsatz)

Unter den Voraussetzungen von (2.12) gilt:

<u>(i)</u> Für alle $(p_1,p_2) \in M_1 \times M_2$ ist

$$\tau(f_1 \times f_2,(p_1,p_2)) = \tau(f_1,p_1)\cdot\tau(f_2,p_2).$$

<u>(ii)</u> Sind M_1 und M_2 kompakt, so ist

$$\tau(f_1 \times f_2) = \tau(f_1)\cdot\tau(f_2).$$

<u>Beweis:</u> (i) folgt trivial aus (2.12) und (2.10.iv). Den Schluß von (i) auf (ii) führt man wie in (2.11).

Die Sätze (2.11) und (2.13) findet man für speziellere Fälle in [4], [5] und [20], aus [20] stammt insbesondere unser Beweis von (2.10.iii). Der Produktsatz in seiner allgemeinen Form ist zuerst von WILLMORE und SALEEMI in [35] angegeben.

§3. Immersionen in den euklidischen Raum.

In diesem und den beiden folgenden Paragraphen betrachten wir Immersionen kompakter Mannigfaltigkeiten in den euklidischen $\mathbb{R}^n$. Für solche Immersionen ist eine Gaußsche Normalenabbildung in die Sphäre definiert, die sich zur Beschreibung der Lipschitz-Killing-Krümmung eignet. Aus dieser Beschreibung ergibt sich dann der in [5] von CHERN und LASHOF aufgedeckte und durch die Arbeit von KUIPER (vgl.[20]) noch betonte Zusammenhang zwischen der Theorie der totalen Absolutkrümmung und der Theorie der kritischen Punkte gewisser Funktionen, ein Zusammenhang, der die Basis fast aller Untersuchungen über den euklidischen Fall darstellt.
Im folgenden verstehen wir den $\mathbb{R}^n$ stets als Riemannsche Mannigfaltigkeit mit der durch $\langle x,y\rangle = \Sigma\, x_i y_i$ induzierten Metrik, die wir der einfachen Notation wegen ebenfalls mit $\langle\ldots,\ldots\rangle$ bezeichnen.

3.1 Definition: $f: M \to \mathbb{R}^n$ sei eine Immersion der differenzierbaren Mannigfaltigkeit M, $\nu_f = (N,\pi,M)$ und $\nu_f^1 = (N^1,\pi^1,M)$ deren Normalen- und Einheitsnormalenbündel. $P_{\mathbb{R}^n}: T\mathbb{R}^n \to \mathbb{R}^n$ sei definiert wie in (1.1), und wir bezeichnen mit $P^1_{\mathbb{R}^n}$ die Beschränkung von $P_{\mathbb{R}^n}$ auf den Totalraum des Einheitstangentialbündels, gedeutet als Abbildung in die Einheitssphäre S^{n-1}. Schließlich seien $\bar{f}: N \to T\mathbb{R}^n$ und $\bar{f}^1: N^1 \to (T\mathbb{R}^n)^1$ definiert wie in (2.6). Als Gaußsche Normalenabbildungen von f bezeichnen wir die Abbildungen

$$\nu := P_{\mathbb{R}^n} \circ \bar{f}: N \to \mathbb{R}^n$$

und

$$\nu^1 := P^1_{\mathbb{R}^n} \circ \bar{f}^1: N^1 \to S^{n-1}.$$

3.2 Satz: Voraussetzungen und Bezeichnungen wie in (3.1). Weiter seien μ und μ^1 die Volumenformen von N und N^1 bezüglich der kanonischen Metriken und Orientierungen nach (1.7) und λ_n und σ_{n-1} die kanonischen Volumenformen von $\mathbb{R}^n$ und S^{n-1}.

Dann gilt für die Lipschitz-Killing-Krümmung G von f (vgl.(2.4.i)):

$$G\mu = \nu^*\lambda_n \quad \text{und} \quad G'\mu' = (\nu')^*\sigma_{n-1}.$$

Beweis: Triviale Folge von (1.11.ii), (2.6) und (3.1).

3.3 Korollar: Unter den gleichen Voraussetzungen gilt, falls $\tau(f)$ existiert:

$$\tau(f) = (c_{n-1})^{-1} \int_{N'} |(\nu')^*\sigma_{n-1}|,$$

wobei wir die in (2.7) erklärte Bezeichnungsweise verwenden.

Bevor wir die Immersionen in euklidische Räume weiter studieren, wollen wir die dabei benötigten Sätze über kritische Punkte etc. kurz zusammenstellen. Sei $f: M \to \tilde{M}$ eine differenzierbare Abbildung von Mannigfaltigkeiten. $p \in M$ heißt ein kritischer Punkt von f, wenn die induzierte Abbildung $f_*: T_pM \to T_{f(p)}\tilde{M}$ nicht surjektiv ist. Die f-Bilder der kritischen Punkte von f heißen die kritischen Werte von f. Ist $\tilde{M} = \mathbb{R}$ und p ein kritischer Punkt von f, so läßt sich die Hesse-Form $\text{hess}_p f$ von f in p folgendermaßen beschreiben:

Sind $X, Y \in T_pM$ und ist t ein in p definiertes Vektorfeld mit $t_p = Y$, so ist

$$\text{hess}_p f(X,Y) := X\cdot(t\cdot f).$$

Diese Definition ist von dem gewählten t unabhängig und liefert eine symmetrische Bilinearform auf T_pM. - Der kritische Punkt p von $f: M \to \mathbb{R}$ heißt nicht-degeneriert, wenn $\text{hess}_p f$ nicht-degeneriert ist. In diesem Falle nennt man den Index von $\text{hess}_p f$, d.h. die Dimension eines maximaldimensionalen Unterraumes von T_pM, auf dem $\text{hess}_p f$ negativ-definit ist, auch den Index des kritischen Punktes p von f.

3.4 Satz von SARD: Die Menge der kritischen Werte einer C^∞-Abbildung $f: M \to \tilde{M}$ von Mannigfaltigkeiten ist eine Nullmenge in $\tilde{M}$.

Beweis: Vergleiche etwa [34] p.45ff.

3.5 Definition: M sei eine m-dimensionale, differenzierbare Mannigfaltigkeit.

(i) $\Phi(M) := \{ \varphi: M \to \mathbf{R} \,/\, \varphi$ diffb. und φ besitzt nur nicht-degenerierte kritische Punkte$\}$

heißt die Menge der Morse-Funktionen auf M.

(ii) Sei $\varphi \in \Phi(M)$ und k eine natürliche Zahl. Wir setzen

$\beta(\varphi)$:= Anzahl der kritischen Punkte von φ,

$\beta(M) := \min \{ \beta(\varphi) \,/\, \varphi \in \Phi(M) \}$,

$\beta_k(\varphi)$:= Anzahl der kritischen Punkte von φ mit Index k,

$\beta_k(M) := \min \{ \beta_k(\varphi) \,/\, \varphi \in \Phi(M) \}$.

(iii) F sei ein Körper. Dann sei für kompaktes M

$\varrho_k(M,F) := \mathrm{rg}_F\, H_k(M,F)$, (singuläre Homologie), (k-te BETTI-Zahl),

$\varrho(M,F) := \sum_0^m \varrho_k(M,F)$,

$\chi(M,F) := \sum_0^m (-1)^k \varrho_k(M,F)$, (unabhängig von F),

$\varrho(M) := \max \{ \varrho(M,F) \,/\, F$ Körper $\}$.

3.6 Satz: M sei eine m-dimensionale, kompakte, zusammenhängende, differenzierbare Mannigfaltigkeit und F ein Körper. Dann gilt

(i) $$\beta(M) \geq \sum_{k=0}^{m} \beta_k(M) \geq \varrho(M).$$

(ii) Aus $\varphi \in \Phi(M)$ und $\beta(\varphi) = \beta(M)$ folgt $\beta_0(\varphi) = \beta_m(\varphi) = 1$.

(iii) Ist $\varphi \in \Phi(M)$, so $\chi(M) = \chi(M,F) = \sum_{k=0}^{m} (-1)^k \beta_k(\varphi)$.

(iv) Ist $\varphi \in \Phi(M)$, so $\beta_k(\varphi) \geq \varrho_k(M,F)$. (MORSE-Ungleichungen).

Beweis: Für (i) und (iii) sowie (iv) vergleiche [30], für (ii) siehe [31].

Ist $f: M \to \mathbb{R}^n$ eine Immersion der kompakten Mannigfaltigkeit M, so ist $\tau(f)$ nach (3.3) gleich dem geeignet normierten algebraischen Volumen des ν^1-Bildes von N^1. Ein Punkt $z \in S^{n-1}$ ist aber (nach Definition der Gaußschen Normalenabbildung) genau dann ν^1-Bild eines Normalenvektors in $p \in M$, wenn z orthogonal zu $d_pf(T_pM)$ ist. Diesem Sachverhalt gehen wir im folgenden nach. Dabei erhalten wir einmal einen bekannten Satz über den Abbildungsgrad von ν^1 und daraus den Satz von Gauß-Bonnet. Auf der andern Seite ergibt sich eine Formel für $\tau(f)$, die der Theorie der totalen Absolutkrümmung in euklidischen Räumen von entscheidendem Nutzen ist.

3.7 Definition: Sei $f: M \to \mathbb{R}^n$ eine Immersion und $z \in \mathbb{R}^n$. Mit

$$zf: M \to \mathbb{R}$$

bezeichnen wir die Funktion, die jedem $p \in M$ das Skalarprodukt $\langle z, f(p) \rangle$ von z mit f(p) zuordnet.

3.8 Lemma: Sei $f: M \to \mathbb{R}^n$ eine Immersion der differenzierbaren, m-dimensionalen Mannigfaltigkeit M, $m < n$, $\nu_f^1 = (N^1, \pi^1, M)$ das Einheitsnormalenbündel, $\nu^1: N^1 \to S^{n-1}$ die Gaußsche Normalenabbildung von f, $p \in M$ und $z \in S^{n-1}$. Weiter bezeichne l die 2.Fundamentalform von f, G wie in (2.4). Dann gilt:

(i) p ist kritischer Punkt von zf genau dann, wenn $z \in \nu^1(N_p^1)$.

Ist $e \in N_p^1$ und $\nu^1(e) = \tilde{z}$, so gilt weiter:

(ii) $$l_e = - \operatorname{hess}_p(\tilde{z}f)$$

(iii) Folgende drei Aussagen sind äquivalent:

p ist degenerierter kritischer Punkt von $\tilde{z}f$

$G(e) = 0$

e ist kritischer Punkt von ν^1.

Beweis: (i): $0 = d_p(zf) = \langle z, d_pf \rangle$ bedeutet, daß z orthogonal zu $d_pf(T_pM)$ ist. Also folgt die Behauptung aus (3.1).

(ii): Ist ∇ der Levi-Civita-Zusammenhang des $\mathbb{R}^n$, $\bar{f}$: $f^*\tau_{\mathbb{R}^n} \to \tau_{\mathbb{R}^n}$ der kanonische Homomorphismus und $x_1,\dots,x_n$ das übliche Koordinatensystem des $\mathbb{R}^n$, so gilt (vgl. etwa [17], p.28)

$$\bar{f}(\ f^*\nabla_X s\ )\cdot x_k = X\cdot(\ (\bar{f}\circ s)\cdot x_k\ )$$

für alle $X \in TM$ und $s \in \Gamma(f^*\tau_{\mathbb{R}^n})$. Sei nun $e \in N_p^1$, $\tilde{z} = \nu^1(e)$, $X \in T_pM$ und $t \in \Gamma(\tau_M)$ in p definiert. Dann ergibt sich mit (2.2):

$$\begin{aligned} l_e(X,t_p) &= -<e\ ,\ (f^*\nabla)_X t> \\ &= -<\bar{f}(e), \sum X\cdot((\bar{f}\circ t)\cdot x_k)\tfrac{\partial}{\partial x_k}|f(p)> \\ &= -\sum \tilde{z}_k\ X\cdot(t\cdot(x_k\circ f)) \\ &= -X\cdot(t\cdot(\tilde{z}f)) \ = \ -\operatorname{hess}_p(\tilde{z}f)(X,t_p). \end{aligned}$$

(iii): Die beiden ersten Aussagen sind äquivalent nach (ii), die beiden letzten nach (3.2).

3.9 Korollar: $f: M \to \mathbb{R}^n$ sei eine Immersion der kompakten, m-dimensionalen Mannigfaltigkeit M in den $\mathbb{R}^n$, $\nu_f^1 = (N^1,\pi^1,M)$ ihr Einheitsnormalenbündel und $\nu^1: N^1 \to S^{n-1}$ die Gaußsche Normalenabbildung von f. Dann ist der Abbildungsgrad von ν^1 gleich der Eulerschen Charakteristik von M:

$$\operatorname{grad} \nu^1 = \chi(M).$$

Beweis: Nach (3.4) ist die Menge D der kritischen Werte von ν^1 eine Nullmenge in S^{n-1}. Sei $z \in S^{n-1} - D$. Dann ist nach (3.8.iii) $zf \in \Phi(M)$. Da M kompakt ist, gilt $2 \leq r := \beta(zf) < \infty$. $p_1,\dots,p_r$ seien die kritischen Punkte von zf, i_ϱ sei der Index von p_ϱ, und $e_1,\dots,e_r \in N^1$ seien die (eindeutig bestimmten) Normalen mit $\nu^1(e_\varrho) = z$ und $\pi^1(e_\varrho) = p_\varrho$. Nach (3.2) und (3.8.ii) ist ν^1 in e_ϱ orientierungstreu genau dann, wenn $m - i_\varrho$ = Index von $l_{e_\varrho} \equiv 0 \bmod 2$. Daher gilt (vgl. [34], p.127 und (3.6.iii)):

$$\begin{aligned} \operatorname{grad} \nu^1 = {} & (\text{Anzahl der } e_\varrho \text{, in denen } \nu^1 \text{ orientierungstreu ist}) - \\ & (\text{Anzahl der } e_\varrho \text{, in denen } \nu^1 \text{ die Orientierung umkehrt}) \end{aligned}$$

$$\begin{aligned}\operatorname{grad} \nu' &= (-1)^m \sum (-1)^k \beta_k(zf) \\ &= (-1)^m \chi(M).\end{aligned}$$

Aber für ungerades m ist $\chi(M) = 0$ nach dem Poincaréschen Dualitätssatz.

3.10 Korollar: (Satz von GAUSZ-BONNET)
Ist $f\colon M \to \mathbf{R}^n$ eine Immersion einer kompakten, (nicht notwendig orientierbare) differenzierbaren Mannigfaltigkeit M in den $\mathbf{R}^n$, so gilt mit den Definitionen aus (2.4):

$$(c_{n-1})^{-1} \int_{N'} G'\mu' = \chi(M).$$

Beachte dazu, daß N' nach (1.7) auf kanonische Weise eine orientierte Riemannsche Mannigfaltigkeit ist. μ' bezeichne die entsprechende Volumenform.

Beweis: Folgt aus (3.2), (3.9) und dem Kroneckerschen Integralsatz.

3.11 Korollar: Ist $f\colon M \to \mathbf{R}^n$ eine Immersion und M kompakt, so gilt:
Nimmt die Lipschitz-Killing-Krümmung von f nirgends negative Werte an, (also $m := \dim M$ gerade, weil $G(e) = (-1)^m G(-e)$), so ist

$$\tau(f) = \chi(M),$$

und alle ungerad-dimensionalen Betti-Zahlen von M über jedem Körper verschwinden.

Beweis: Trivial. Die Aussage über die Betti-Zahlen folgt aus (3.6.iv).

Im Beweis von (3.9) haben wir festgestellt, daß die Funktion $z \mapsto \beta(zf)$ fast-überall auf S^{n-1} definiert ist. Wir untersuchen nun die Frage ihrer Stetigkeit.

3.12 Lemma: Sei $f\colon M \to \mathbf{R}^n$ eine Immersion der m-dimensionalen, differenzierbaren Mannigfaltigkeit M, $z \in S^{n-1}$ und $p \in M$ ein nicht-degenerierter, kritischer Punkt von zf mit Index k. Dann gilt:

Es gibt Umgebungen U von p in M, V von z in S^{n-1} und eine differenzierbare Abbildung $\alpha: V \to U$ mit folgenden Eigenschaften: Für alle $\tilde{z} \in V$ ist $\alpha(\tilde{z})$ nicht-degenerierter kritischer Punkt vom Index k von $\tilde{z}f$, und $\tilde{z}f$ besitzt außer $\alpha(\tilde{z})$ keine weiteren kritischen Punkte in U.

Beweis: Sei $u: U_0 \to \mathbb{R}^m$ eine Karte für M um p mit $u(p) = 0$. Wir definieren eine Abbildung $g: \mathbb{R}^n \times u(U_0) \to \mathbb{R}^m$ durch

$$g(a,b) := \sum_{i=1}^{m} \frac{\partial(af)}{\partial u_i}\Big|_{u^{-1}(b)} e_i \ .$$

Dabei ist $e_1,\dots,e_m$ die kanonische Basis des $\mathbb{R}^m$. Offenbar folgt:

$g(a,b) = 0$ genau dann, wenn $u^{-1}(b)$ kritischer Punkt von af.

Nach Voraussetzung ist $g(z,0) = 0$, und da p nicht-degeneriert ist, ist

$$D_2 g(z,0) = \left(\frac{\partial^2(zf)}{\partial u_i \partial u_j}\Big|_p \right)_{i,j=1,\dots,m}$$

eine reguläre $(m \times m)$-Matrix. Nach dem Satz über implizite Funktionen gibt es also zusammenhängende Umgebungen U_1 von 0 in $u(U_0)$ und V_1 von z in $\mathbb{R}^n$ und eine differenzierbare Abbildung $\alpha_1: V_1 \to U_1$, so daß für alle (a,b) aus $V_1 \times U_1$ gilt

$g(a,b) = 0$ genau dann, wenn $b = \alpha_1(a)$.

Offensichtlich kann man U_1, V_1 so wählen, daß für alle $(a,b) \in V_1 \times U_1$ $\det (D_2 g(a,b)) \neq 0$. Aus der stetigen Abhängigkeit der Eigenwerte einer symmetrischen Matrix von der Matrix (vgl. etwa [30],p.120) folgt dann, daß für alle $a \in V_1$ die Anzahl der negativen Eigenwerte von $D_2 g(a,\alpha_1(a))$ gleich der von $D_2 g(z,\alpha_1(z))$ ist. Setzt man nun $U := u^{-1}(U_1)$, $V := V_1 \cap S^{n-1}$ und $\alpha := u^{-1} \circ \alpha_1 | V$, so erhält man die Behauptung.

3.13 Korollar: Sei $f: M \to \mathbb{R}^n$ wie in (3.12) und M kompakt. Dann gilt:

(i) $D := \{ z \in S^{n-1} \ / \ zf \notin \Phi(M) \}$ ist die Menge der kritischen Werte der Gaußschen Normalenabbildung ν^1 von f, ist also eine abgeschlossene Nullmenge in S^{n-1}.

(ii) Die Funktion β_f: $z \longmapsto \beta(zf)$ ist stetig auf $S^{n-1} - D$, also lokal-konstant.

Beweis: Aus (3.8.ii), der Kompaktheit von M und (3.4) erhält man (i). Sei nun $z \in S^{n-1} - D$ und seien $p_1, \ldots, p_r$ die endlich-vielen kritischen Punkte von zf. Nach (3.12) gibt es dann paarweis-disjunkte Umgebungen $U_1, \ldots, U_r$ der $p_1, \ldots, p_r$ und eine Umgebung V von z in S^{n-1}, so daß für $\tilde{z} \in V$ die Funktion $\tilde{z}f$ in jedem U_ϱ genau einen, und zwar einen nicht-degenerierten kritischen Punkt hat. Die Funktion $\| \text{grad } zf \|$ ist auf dem Komplement von $\bigcup_\varrho U_\varrho$ durch eine positive Zahl nach unten beschränkt. Also kann man gegebenenfalls durch Verkleinerung von V erreichen, daß für alle $\tilde{z} \in V$ gilt: $\tilde{z}f \in \Phi(M)$ und $\beta(\tilde{z}f) = \beta(zf)$. Daraus folgt (ii).

3.14 Satz: Sei $f: M \to \mathbb{R}^n$ eine Immersion der kompakten Mannigfaltigkeit M. Dann ist die nach (3.13) fast-überall auf S^{n-1} definierte Funktion β_f: $z \longmapsto \beta(zf)$ lebesgue-integrierbar über S^{n-1} und

$$\tau(f) = (c_{n-1})^{-1} \int_{S^{n-1}} \beta_f \sigma_{n-1}.$$

Beweis: N sei der Totalraum von ν_f^1 und $\nu: N \to S^{n-1}$ die Gaußsche Normalenabbildung. (Wir unterdrücken der Einfachheit halber den Index $\ldots^1$). Sei $K := \{ e \in N \,/\, G(e) = 0 \}$. Dann ist

$$N = (N - \nu^{-1}(D)) \cup (\nu^{-1}(D) - K) \cup K$$

wegen $K \subset \nu^{-1}(D)$ eine disjunkte Vereinigung meßbarer Mengen. Auf K ist $\nu^* \sigma_{n-1}$ die Nullform nach (3.2). Weiter ist $\nu^{-1}(D) - K$ eine Nullmenge, denn ν ist darauf regulär und $\nu(\nu^{-1}(D) - K) \subset D$ ist eine Nullmenge. Also erhalten wir

$$\int_N |\nu^* \sigma_{n-1}| = \int_{N - \nu^{-1}(D)} |\nu^* \sigma_{n-1}|.$$

Für $r \geqq 0$ setzen wir $W_r := \{ z \in S^{n-1} - D \mid \beta_f(z) = r \}$. Nach (3.13) ist $(W_r)_{r \in \mathbb{N}}$ eine offene Überdeckung von $S^{n-1} - D$ mit paarweis-disjunkten Mengen. Sei nun $U_r := \nu^{-1}(W_r)$, $U_r^+ := \{ e \in U_r \mid \nu$ in e orientierungstreu $\}$ und $U_r^- := U_r - U_r^+$. $(\nu | U_r): U_r \to W_r$ ist eine r-blättrige (i.a. nicht zusammenhängende) Überlagerung. Bezeichnet man mit O_N die kanonische Orientierung von N und mit O_r die durch $\nu|U_r$ von W_r nach U_r geliftete Sphärenorientierung, so ist $O_r | U_r^+ = O_N | U_r^+$ und $O_r | U_r^- = - O_N | U_r^-$. Also gilt:

$$\int_{N-\nu^{-1}(D)} |\nu^* \sigma_{n-1}| = \sum_{r=0}^{\infty} \left({}^{(O_N)}\int_{U_r^+} \nu^* \sigma_{n-1} - {}^{(O_N)}\int_{U_r^-} \nu^* \sigma_{n-1} \right)$$

$$= \sum \left({}^{(O_r)}\int_{U_r^+} \nu^* \sigma_{n-1} + {}^{(O_r)}\int_{U_r^-} \nu^* \sigma_{n-1} \right)$$

$$= \sum {}^{(O_r)}\int_{U_r} \nu^* \sigma_{n-1} = \sum \int_{W_r} \beta_f \sigma_{n-1}.$$

Hieraus und aus dem Satz von B.Levi folgt mit (3.3) die Behauptung.

3.15 Beispiele:

(i) Ist $f: M \to \mathbf{R}^n$ eine Einbettung der $(n-1)$-dimensionalen, kompakten Mannigfaltigkeit M als konvexe Hyperfläche, $n \geqq 2$, so folgt $\tau(f) = 2$.

Beweis: Für $n = 2$ folgt die Behauptung aus (2.5.ii) und der klassischen Gauß-Bonnet-Formel, vgl.[15],p. 106. Sei $n > 2$ und $z \in S^{n-1}$ mit $zf \in \Phi(M)$. Da $f(M)$ konvex ist, also alle Tangentialhyperebenen an $f(M)$ Stützebenen sind, ergibt sich, daß zf nur kritische Punkte vom Index 0 oder $n-1$ besitzt. Daher ist M nach einem Satz der Morse-Theorie homotopieäquivalent zu einem CW-Komplex aus $\beta_0(zf)$ 0-Zellen und $\beta_{n-1}(zf)$ $(n-1)$-Zellen, d.h. wegen $n-1 > 1$: $\beta_0(zf)$ bzw. $\beta_{n-1}(zf)$ ist die 0-te bzw. $(n-1)$-te Betti-Zahl von M. Da M natürlich zur Sphäre homöomorph ist, folgt $\beta(zf) = \beta_0(zf) + \beta_{n-1}(zf) = 2$. Aus (3.14) folgt die Behauptung.

(ii) Für $n \in \mathbf{N}_+$ sei $i_n: S^n \to \mathbf{R}^{n+1}$ die Inklusion. Dann folgt aus (i) und (2.13): Sind $n_1,\dots,n_k \in \mathbf{N}_+$, so gilt für die Einbettung $i_{n_1}\times\dots\times i_{n_k}: S^{n_1}\times\dots\times S^{n_k} \to \mathbf{R}^{n_1+\dots+n_k+k}$:

$$\tau(i_{n_1}\times\dots\times i_{n_k}) = 2^k.$$

Zum Beispiel hat die kanonische Einbettung $i_1 \times i_1$ des flachen Torus in den $\mathbf{R}^4$ die totale Absolutkrümmung 4.

(iii) Die durch Rotation eines zur x-Achse punktfremden Kreises der x-y-Ebene im $\mathbf{R}^3$ um die x-Achse erhaltene Einbettung des Torus in den $\mathbf{R}^3$ hat nach (3.14) offensichtlich ebenfalls die absolute Totalkrümmung 4.

Aus (3.14) ersieht man, daß für jede Immersion $f: M \to \mathbf{R}^n$ einer kompakten Mannigfaltigkeit gilt $\tau(f) \geq \beta(M)$, vgl. (3.5). Im folgenden wollen wir zeigen, daß diese Abschätzung eine best-mögliche ist. Die Beweisidee stammt von KUIPER [20], eine Lücke in Kuipers Beweis ist in [36] geschlossen worden.

3.16 Lemma: Sei $f: M \to \mathbf{R}^n$ eine Immersion, M kompakt. Sei $z \in S^{n-1}$ mit $zf \in \Phi(M)$ und $\beta(zf) =: k$. Sei $v: \mathbf{R}^n \to \mathbf{R}^n$ die Orthogonalprojektion auf $\mathbf{R}z$ und $u := \mathrm{Id} - v$. Für $\lambda \in \mathbf{R}_+$ sei die Immersion $f_\lambda: M \to \mathbf{R}^n$ definiert durch

$$f_\lambda := u \circ f + \lambda v \circ f.$$

Dann gilt

$$\lim_{\lambda\to\infty} \tau(f_\lambda) = k.$$

Beweis: Nach (3.13) gibt es ein $\varepsilon \in \mathbf{R}_+$, so daß für alle $z' \in S^{n-1}$ gilt:

$$\text{Aus } \|u(z')\| < \varepsilon \text{ folgt } z'f \in \Phi(M) \text{ und } \beta(z'f) = k. \tag{1}$$

Wir setzen nun für $\lambda \in \mathbf{R}_+$:

$$A_\lambda := \{\, z' \in S^{n-1} \;/\; \|u(z')\| < \varepsilon\lambda\|v(z')\| \,\}$$

$$B_\lambda := \{\, z' \in S^{n-1} \;/\; \|u(z')\| > \varepsilon\lambda\|v(z')\| \,\}.$$

Dann ist $S^{n-1} - A_\lambda - B_\lambda$ eine Nullmenge und

$$c_{n-1}\ \tau(f_\lambda) = \int_{A_\lambda} \beta_{f_\lambda}\sigma_{n-1} + \int_{B_\lambda} \beta_{f_\lambda}\sigma_{n-1}. \tag{2}$$

Wir zeigen nun, daß

$$\int_{A_\lambda} \beta_{f_\lambda}\sigma_{n-1} = k\sigma_{n-1}(A_\lambda) \tag{3}$$

und

$$\lim_{\lambda\to\infty}\int_{B_\lambda} \beta_{f_\lambda}\sigma_{n-1} = 0. \tag{4}$$

Aus (2), (3) und (4) folgt dann die Behauptung.

Zum Beweis von (3): Es genügt der Nachweis, daß für alle $\lambda \in \mathbf{R}_+$ und $z' \in A_\lambda$ gilt: $z'f_\lambda \in \Phi(M)$ und $\beta(z'f_\lambda) = k$.

Sei $a_\lambda : S^{n-1} \to \mathbf{R}^n$ definiert durch $a_\lambda(z') := u(z') + \lambda v(z')$

und $b_\lambda : S^{n-1} \to S^{n-1}$ definiert durch $b_\lambda(z') := \|a_\lambda(z')\|^{-1} a_\lambda(z')$.

Dann gilt

$$z'f_\lambda = a_\lambda(z')f = \|a_\lambda(z')\| b_\lambda(z')f\ . \tag{5}$$

Ist nun $z' \in A_\lambda$, so erhält man

$$\|u(b_\lambda(z'))\| = \|a_\lambda(z')\|^{-1}\|u(z')\| \leq \lambda^{-1}\|v(z')\|^{-1}\|u(z')\| < \varepsilon,$$

und mit (5) und (1) folgt die Behauptung.

Zum Beweis von (4): Die Beschränkung von b_λ auf B_λ induziert einen Diffeomorphismus von B_λ auf B_1. Daher erhält man aus dem Kroneckerschen Integralsatz:

$$\int_{B_\lambda} \beta_{f_\lambda}\sigma_{n-1} = \int_{B_1} \beta_{f_\lambda}\circ(b_\lambda)^{-1}\ (b_\lambda^{-1})^*\sigma_{n-1}$$

$$= \int_{B_1} \beta_f\ (b_\lambda^{-1})^*\sigma_{n-1} = \int_{B_1} \beta_f\phi_\lambda\sigma_{n-1}.$$

Dabei sind die ϕ_λ stetige Funktionen auf B_1 mit den Eigenschaften:

$\phi_\lambda \geq \phi_\mu$ für $\lambda \leq \mu$ und $\lim_{\lambda\to\infty} \phi_\lambda = 0$ im Sinne punktweiser Konvergenz.

Also folgt (4) aus dem Satz von B. Levi.

3.17 <u>Korollar:</u> M sei eine kompakte Mannigfaltigkeit. Wir setzen für $n \in \mathbf{N}$

$$\mathrm{Im}^n(M) := \{ f: M \to \mathbf{R}^n \ / \ f \text{ Immersion } \},$$

$$\mathrm{Im}\,(M) := \bigcup_{0}^{\infty} \mathrm{Im}^n(M).$$

Dann ist (vgl. (3.5))

$$\inf \{ \tau(f) \ / \ f \in \mathrm{Im}\,(M) \} = \beta(M) \geqq \varrho(M).$$

<u>Beweis:</u> Nach (3.6.1) und (3.14) gilt für alle $f \in \mathrm{Im}\,(M)$:

$$\tau(f) \geqq \beta(M) \geqq \varrho(M).$$

Sei nun $g \in \mathrm{Im}^{n-1}(M)$ und $\varphi \in \Phi(M)$ mit $\beta(\varphi) = \beta(M)$. Definiere $f\colon M \to \mathbf{R}^n$ durch $f(p) := (g(p), \varphi(p))$. Ist $z \in \mathbf{R}^n$ der Einheitsvektor mit $z = (0,\ldots,0,1)$, so gilt offenbar $zf = \varphi$. Definiert man zu diesen Daten $f_\lambda\colon M \to \mathbf{R}^n$ wie in (3.16), so folgt $\lim_{\lambda\to\infty} \tau(f_\lambda) = \beta(\varphi) = \beta(M)$.

3.18 <u>Korollar:</u> Ist F eine reguläre Homotopieklasse von Immersionen der kompakten Mannigfaltigkeit M in den $\mathbf{R}^n$, so gilt:

$$\inf \{ \tau(f) \ / \ f \in F \} \text{ ist ganzzahlig.}$$

Dabei heißen zwei Immersionen $f_0, f_1\colon M \to \mathbf{R}^n$ regulär homotop, wenn es eine Homotopie f_t von f_0 nach f_1 gibt, so daß alle f_t Immersionen sind. Der Satz bleibt richtig, wenn man überall 'Immersion' durch 'Einbettung' ersetzt und Isotopieklassen statt Homotopieklassen betrachtet.

<u>Beweis:</u> Sei $\inf \{ \tau(f) \ / \ f \in F \} = k + t$, k ganzzahlig, $t \in [0,1[$. Dann gibt es $f \in F$ mit $\tau(f) < k + 1$ und dazu ein $z \in S^{n-1}$ mit $zf \in \Phi(M)$ und $\beta(zf) \leqq k$. Definiert man wie in (3.16) dazu die f_λ, so gilt offenbar für alle $\lambda \in \mathbf{R}_+$: $f_\lambda \in F$ und nach (3.16) $\lim_{\lambda\to\infty} \tau(f_\lambda) = \beta(zf) \leqq k$. Also ist $t = 0$.

Eine ausgezeichnete Rolle spielen die Immersionen, deren totale Absolutkrümmung gleich $\beta(M)$ ist, also nach (3.17) den kleinstmöglichen Wert hat:

3.19 <u>Definition:</u> Eine Immersion $f: M \to \mathbb{R}^n$ der kompakten Mannigfaltigkeit M heißt <u>minimal</u> genau dann, wenn $\tau(f) = \beta(M)$ gilt.

<u>Beachte:</u> Mit der in (3.13) angegebenen Bedeutung von D folgt aus (3.6.i), (3.13), (3.14): Eine Immersion $f: M \to \mathbb{R}^n$ ist minimal genau dann, wenn für alle $z \in S^{n-1} - D$ gilt $\beta(zf) = \beta(M)$.

Das nächste Lemma zeigt, daß Minimalität eine affine Invariante ist:

3.20 <u>Lemma:</u> Ist $f: M \to \mathbb{R}^n$ eine minimale Immersion und $A: \mathbb{R}^n \to \mathbb{R}^n$ eine bijektive, affine Abbildung, so ist auch $A \circ f$ minimal.

<u>Beweis:</u> Ohne Einschränkung können wir annehmen, daß $A(0) = 0$, also A linear ist. A' bezeichne die adjungierte Abbildung. Da f minimal ist, gibt es eine Nullmenge $D \subset S^{n-1}$, so daß für alle $z \in S^{n-1} - D$ gilt: $zf \in \Phi(M)$ und $\beta(zf) = \beta(M)$. Die Abbildung $\eta: z \mapsto \|A'(z)\|^{-1}A'(z)$ ist ein Diffeomorphismus von S^{n-1} auf sich. Damit gilt für alle z außerhalb der Nullmenge $\eta^{-1}(D)$:

$$z(A \circ f) = A'(z)f = \|A'(z)\|\eta(z)f \in \Phi(M)$$

und

$$\beta_{A \circ f}(z) = \beta(\eta(z)f) = \beta(M).$$

Daraus folgt die Behauptung.

3.21 Die Eigenschaft einer Immersion, minimal zu sein, ist sogar eine gegenüber projektiven Abbildungen invariante Eigenschaft, vgl. [25].

3.22 <u>Beispiele von minimalen Immersionen:</u>

<u>(i)</u> Die in (3.15) angegebenen Einbettungen (konvexe Hyperflächen) sind trivialerweise minimal, weil $\beta(M) \geq 2$ für jede kompakte Mannigfaltigkeit.

<u>(ii)</u> Für orientierbare Flächen vom Geschlecht g, die wir in (2.9.iii) mit F_g bezeichnet hatten, ist $\varrho(F_g, \mathbb{R}) = 2 + 2g$. Also sind die dort angegebenen Einbettungen minimal, vgl. auch (6.4).

(iii) Sei $T_o := \{pt\}$ und $T_k := S^1 \times \ldots \times S^1$ (k Faktoren) für $k \in \mathbf{N}_+$ der k-dimensionale Torus. Durch vollständige Induktion mit Hilfe der Künneth-Formel für Produkte beweist man: $H_q(S^m \times T_{k-1};\mathbf{R}) \cong \oplus^{\binom{k-1}{q}+\binom{k-1}{q-m}}\mathbf{R}$. Daraus ergibt sich $\varrho(S^{n-k+1} \times T_{k-1},\mathbf{R}) = 2^k$ für $n \geqq 1$ und $k \in \{1,\ldots,n\}$. Also ist (vgl. (3.15.ii))

$$i_{n-k+1} \times i_1 \times \ldots \times i_1 : S^{n-k+1} \times T_{k-1} \to \mathbf{R}^{n+k}$$

eine minimale Immersion, und wir bemerken noch, daß ihr Bild in keiner Hyperebene des $\mathbf{R}^{n+k}$ enthalten ist. Dieses und das folgende Beispiel sind von KUIPER in [20] angegeben.

(iv) Sei $n \in \mathbf{N}_+$ und V der Vektorraum der symmetrischen Endomorphismen des euklidischen $\mathbf{R}^{n+1}$. Für $A \in V$ bezeichne $\bar{A}: \mathbf{R}^{n+1} \to \mathbf{R}$ die durch $\bar{A}(p) := \langle p, A(p)\rangle$ gegebene, quadratische Form. Sei $N := \binom{n+2}{2} = \dim V$. Dann gibt es eine Basis $A_1,\ldots,A_N$ von V mit folgenden Eigenschaften:

(a) Für alle $r \in \{1,\ldots,2n+1\}$ ist $\bar{A}_r = \sum_{\substack{i,j=1 \\ i+j=r+1}}^{n+1} x_i x_j$

(b) $A_N = \mathrm{Id}$.

Für $m \in \{2n+1,\ldots,N-1\}$ definieren wir nun die Abbildung $f_m: \mathbf{R}^{n+1} \to \mathbf{R}^m$ durch

$$f_m(p) := \sum_{i=1}^{m} \bar{A}_i(p) e_i ,$$

wobei $e_1,\ldots,e_m$ die kanonische Basis des $\mathbf{R}^m$ ist. Sind $p,v \in \mathbf{R}^{n+1}$ und ist $d_p f_m(v) = 0$, so folgt aus (a) sofort: $p = 0$ oder $v = 0$. Also ist $\bar{f}_m := f_m | S^n$ eine Immersion von S^n in $\mathbf{R}^m$.
Sei nun $z \in S^{m-1}$ mit $z\bar{f}_m \in \Phi(S^n)$. Wegen

$$\langle z, d_p f_m(v)\rangle = \langle z, 2\sum_{i=1}^{m} \langle p, A_i v\rangle e_i\rangle = 2\langle (\sum_{i=1}^{m} z_i A_i)(p), v\rangle$$

erhält man: $p \in S^n$ ist kritischer Punkt von $z\bar{f}_m$ genau dann, wenn $(\sum_1^m z_i A_i)p$ linear abhängig von p, also p Eigenvektor von $\sum_1^m z_i A_i$ ist. Da nach Voraussetzung die kritischen Punkte von $z\bar{f}_m$ isoliert liegen, folgt $\beta(z\bar{f}_m) = 2(n+1)$ und somit $\tau(\bar{f}_m) = 2(n+1)$.

Nun ist f_m gerade, d.h. es gilt für alle $p \in \mathbf{R}^{n+1}$ $f_m(p) = f_m(-p)$. Daher induziert f_m eine Immersion $\tilde{f}_m: P^n(\mathbf{R}) \to \mathbf{R}^m$ des n-dimensionalen, reellen, projektiven Raumes, für die offenbar $\tau(\tilde{f}_m) = \frac{1}{2}\tau(f_m) = n + 1$ gilt. (Man sieht leicht, daß $\tilde{f}_m$ sogar eine Einbettung ist). Aber $q(P^n(\mathbf{R}), Z_2) = n+1$, und daher folgt:

$$\tau(\tilde{f}_m) = n + 1 = \beta(P^n(\mathbf{R})),$$

das heißt, $\tilde{f}_m$ ist minimal.
Wir merken noch an, daß $\tilde{f}_m(P^n(\mathbf{R})) = f_m(S^n)$ in keiner affinen Hyperebene des $\mathbf{R}^m$ enthalten ist. Denn sonst wäre für ein $z \in S^{m-1}$

$$zf_m = (\sum_1^m z_i A_i)|S^n = \text{const.} = \text{const.} A_N|S^n$$

im Widerspruch zur Basiseigenschaft der A_i.

(v) S.KOBAYASHI hat in [18] gezeigt, daß sich jede kompakte, homogene Kählersche Mannigfaltigkeit minimal in einen euklidischen Raum einbetten läßt.

Abschließend sei noch bemerkt, daß es Mannigfaltigkeiten gibt, die sich in keinen euklidischen Raum minimal immersieren lassen, vgl.(5.17). Dagegen läßt sich die projektive Ebene nach obigem Beispiel zwar in den $\mathbf{R}^5$, nicht aber in den $\mathbf{R}^3$ minimal immersieren, vgl.(6.4).

§4. Beziehungen zwischen $\tau(f:M\to\mathbb{R}^n)$ und der Geometrie von M.

Aus dem Satz (3.14) erhält man als triviale Konsequenz:

4.1 **Lemma:** M sei eine m-dimensionale, kompakte, differenzierbare Mannigfaltigkeit und $f: M\to\mathbb{R}^n$ eine Immersion. Dann gilt:
Ist $r\in\mathbb{R}$ und $\tau(f) < r$, so gibt es $z\in S^{n-1}$ mit

$$zf\in\Phi(M) \quad \text{und} \quad \beta(zf) < r.$$

Verbindet man die in (4.1) gemachte Feststellung mit den Ergebnissen der Morse-Theorie, so erhält man folgende Resultate:

4.2 **Korollar:** [5] Unter den Voraussetzungen des Lemmas gilt:
Ist $\tau(f) < 3$, so ist M homöomorph zur Sphäre S^m.

Beweis: Folgt aus (4.1) und dem Satz von Reeb, vgl. [30], p.25.

4.3 **Korollar:** Unter den Voraussetzungen von (4.1) gilt:
Ist $\tau(f) < 4$, so ist M entweder homöomorph zu S^m oder vom Homotopietyp einer $\frac{m}{2}$-Sphäre mit angehefteter m-Zelle. Genauer gilt im letzteren Falle sogar:
$m\in\{2,4,8\}$ und M ist die disjunkte Vereinigung einer topologischen $\frac{m}{2}$-Sphäre mit einer offenen m-Zelle.

Beweis: Nach (4.1) gibt es $\varphi\in\Phi(M)$ mit $\beta(\varphi) = 2$ oder $\beta(\varphi) = 3$. Falls $\beta(\varphi) = 2$, so ist M nach dem Satz von Reeb homöomorph zu S^m. Andernfalls ist M vom Homotopietyp $e_0 \cup e_k \cup e_m$ $(0\leq k\leq m)$, wobei e_j die offene j-Zelle bezeichnet und '$\cup$' für die Verheftung im Sinne der Morse-Theorie steht. Also ist $\chi(M)\neq 0$, d.h. m ist gerade. Durch Anwendung des Poincaréschen Dualitätssatzes findet man $k = \frac{m}{2}$. Für den Rest der Behauptung vergleiche man [8].

4.4 <u>Satz:</u> [5a] Unter den Voraussetzungen des Lemmas (4.1) gilt:
Ist $\tau(f) = \varrho(M,\mathbb{R})$, so hat M keine Torsion.(Die Prämisse ist zum Beispiel erfüllt, wenn $\tau(f) = \chi(M)$ gilt, vgl. (3.11) und (3.22.ii)).

<u>Beweis:</u> Aus dem universellen Koeffiziententheorem folgt für alle $i \in \mathbb{Z}$

$$H_i(M;\mathbb{R}) \cong H_i(M;\mathbb{Z}) \otimes \mathbb{R},$$

und für jede Primzahl p gilt:

$$H_i(M;\mathbb{Z}_p) \cong H_i(M;\mathbb{Z}) \otimes \mathbb{Z}_p \quad \oplus \quad \mathrm{Tor}(H_{i-1}(M;\mathbb{Z});\mathbb{Z}_p).$$

Also gilt für alle $i \in \mathbb{Z}$:

$$\varrho_i(M,\mathbb{R}) \leq \varrho_i(M,\mathbb{Z}_p), \qquad (*)$$

und (3.14) liefert zusammen mit der Voraussetzung sogar Gleichheit in (*). Also hat M keine Torsion.

§5. Beziehungen zwischen $\tau(f:M\to\mathbf{R}^n)$ und der Geometrie von $f(M)$ in $\mathbf{R}^n$.

Im letzten Paragraphen haben wir vom Wert von $\tau(f)$ auf die Existenz gewisser Morse-Funktionen φ auf M geschlossen, die in einfachen Fällen die Geometrie von M charakterisierten. Wir werden nun die stärkere Information ausnutzen, daß die auftretenden φ durch Beschränkung linearer Funktionen auf f(M) entstehen.- Zunächst beweisen wir die Verallgemeinerung des Unverknotetheitssatzes von MILNOR [28] und FARY [10] auf den Fall höherer Dimensionen, vgl. [12]. Der Satz (5.5), den wir im Anhang beweisen, gibt dann Beispiele von nicht sehr stark gekrümmten, differenzierbaren Knoten und wirft ein interessantes, differential-topologisches Problem auf.

Der zweite Teil dieses Paragraphen beschäftigt sich mit den von CHERN und LASHOF in [5],[5a] und von KUIPER in [20],[21],[22] gefundenen Ergebnissen über minimale Immersionen.

Im folgenden identifizieren wir für $1 \leqq m \leqq n$ den $\mathbf{R}^m$ mit dem durch $x_{m+1} = \dots = x_n = 0$ definierten Unterraum des $\mathbf{R}^n$. Damit ist auch die Sphäre $S^{m-1} \subset \mathbf{R}^m$ eine Untermannigfaltigkeit des $\mathbf{R}^n$.

5.1 Satz: Σ^m sei eine kompakte, m-dimensionale, differenzierbare Mannigfaltigkeit mit gerader Eulerscher Charakteristik. $f: \Sigma^m \to \mathbf{R}^n$ sei eine differenzierbare Einbettung mit $\tau(f) < 4$. Dann ist Σ^m homöomorph zur Sphäre S^m, und $f(\Sigma^m)$ ist in folgendem Sinne fast-differenzierbar unverknotet:

Zu jedem $p \in f(\Sigma^m)$ gibt es einen Homöomorphismus h des $\mathbf{R}^n$ auf sich, der $f(\Sigma^m)$ in die Standard-m-Sphäre S^m überführt und $\mathbf{R}^n - \{p\}$ diffeomorph auf $\mathbf{R}^n - \{h(p)\}$ abbildet.

Beweis: (i) Nach (4.1) gibt es $z \in S^{n-1}$ mit $zf \in \Phi(\Sigma^m)$ und $\beta(zf) \leqq 3$. Da $\chi(\Sigma^m)$ gerade ist, folgt mittels (3.6.iii), daß $\beta(zf) = 2$ ist. Also ist Σ^m nach dem Satz von Reeb homöomorph zu S^m. Offensichtlich können wir im folgenden annehmen, daß $z = (0,\dots,0,1)$ und $zf(\Sigma^m) = [-1,+1]$ ist.

(ii) Wir zitieren nun zwei Lemmata, die wir benötigen werden, und skizzieren anschließend den in (iii) und (iv) durchgeführten Schluß des Beweises.

Definition: Sei $I = [a,b]$ ein kompaktes, nicht-entartetes Intervall von $\mathbf{R}$ und seien S und M differenzierbare Mannigfaltigkeiten. Eine Abbildung $f\colon S \times I \to M$ heißt eine Diffeotopie genau dann, wenn gilt: $f|(S \times]a,b[)$ ist differenzierbar, für alle $t \in I$ ist die durch $f_t(s) := f(s,t)$ definierte Abbildung $f_t\colon S \to M$ eine Einbettung, und f_t hängt in einer Umgebung von a und in einer Umgebung von b nicht von t ab.
Sind g und $\bar{g}$ Einbettungen von S in M, so heißt $\bar{g}$ diffeotop zu g genau dann, wenn es eine Diffeotopie $f\colon S \times I \to M$ mit $f_a = g$ und $f_b = \bar{g}$ gibt.- Eine starke Diffeotopie f von M ist eine Diffeotopie $f\colon M \times I \to M$ mit $f_a = Id_M$.

Lemma A: Sind I, S und M wie oben gegeben, ist S kompakt und $f\colon S \times I \to M$ eine Diffeotopie, so gibt es eine starke Diffeotopie F von M, so daß für alle $t \in I$ gilt:

$$F_t \circ f_a = f_t.$$

Einen Beweis für diesen auf THOM zurückgehenden Satz findet man in [29].

Definition: $\mathfrak{C}$ bezeichne die Kategorie, deren Objekte Paare (X,X') von differenzierbaren Mannigfaltigkeiten sind, so daß X' reguläre Untermannigfaltigkeit von X ist, und deren Morphismen $f\colon (X,X') \to (Y,Y')$ differenzierbare Abbildungen von X in Y sind, die X' in Y' abbilden. (Eine Untermannigfaltigkeit heißt regulär, wenn sie die von X induzierte Topologie trägt. Diese Eigenschaft impliziert, daß die von einem Morphismus von $\mathfrak{C}$ induzierte Abbildung der Untermannigfaltigkeiten ebenfalls differenzierbar ist).

Die im folgenden Lemma auftretenden mengentheoretischen und topologischen Begriffe für Objekte von $\mathfrak{C}$ werden komponentenweise definiert.

Lemma B: Ist (X,X') ein kompaktes Objekt von $\mathfrak{C}$, das Vereinigung zweier offener Unterobjekte (U,U'), $(V,V') \subset (X,X')$ aus $\mathfrak{C}$ ist, und sind (U,U')

und (V,V') beide in $\mathfrak{C}$ äquivalent zum Paar $(\mathbf{R}^n,\mathbf{R}^m)$, so gilt: Für jedes $p \in X'$ ist $(X - \{p\}, X' - \{p\})$ in $\mathfrak{C}$ äquivalent zu $(\mathbf{R}^n,\mathbf{R}^m)$, und jede solche Äquivalenz läßt sich zu einer topologischen Äquivalenz von (X,X') mit der Einpunkt-Kompaktifizierung (S^n,S^m) von $(\mathbf{R}^n,\mathbf{R}^m)$ fortsetzen.
Für den Beweis vergleiche [33], Corollary 6.9.

In (iii) werden wir nun eine zu f diffeotope Einbettung f_1 von Σ^m in $\mathbf{R}^n$ konstruieren, für die $f_1(\Sigma^m)$ sich grob gesprochen durch folgende Eigenschaften charakterisieren läßt:

$zf_1(\Sigma^m) = [-1,+1]$ und $\beta(zf_1) = 2$.

Für ein geeignetes $\delta \in]3/4, 1[$ und für $\nu \in \{-1,+1\}$ sind die Mengen $\{ f_1(p) \ / \ p \in \Sigma^m$ und $\nu z f_1(p) > \delta \}$ zwei über $\mathbf{R}^{n-1}$ "schlichte", differenzierbare m-Zellen, und die "anschließenden" Mengen $\{ f_1(p) \ / \ p \in \Sigma^m$ und $1/4 \leq \nu z f_1(p) \leq \delta \}$ sind zur z-Richtung parallele Zylinder.

(Vergleiche Lemma C unten). Im Hinblick auf Lemma A genügt es, die Unverknotetheit von $f_1(\Sigma^m)$ zu beweisen. In (iv) verifizieren wir dazu die Voraussetzungen von Lemma B für

$(X,X') := (S^n, f_1(\Sigma^m)) :=$ (Einpunkt-Kompakt. von $\mathbf{R}^n$, $f_1(\Sigma^m)$)

$(U,U') := (E(-1/2),\ f_1(\Sigma^m) \cap E(-1/2))$

$(V,V') := (F'(1/2),\ f_1(\Sigma^m) \cap F'(1/2))$.

Dabei haben wir

$E(t) := \{ x \ / \ x \in \mathbf{R}^n$ und $x_n > t \}$

$F(t) := \{ x \ / \ x \in \mathbf{R}^n$ und $x_n < t \}$

für $t \in \mathbf{R}$ gesetzt und mit $F'(1/2)$ die Vereinigung von $F(1/2)$ mit einer hinreichend kleinen, offenen Kreisscheibe um den Punkt $\infty \in S^n$ bezeichnet.

(iii) Konstruktion der zu f diffeotopen Einbettung f_1:
B^m bezeichne die abgeschlossene Einheitsvollkugel im $\mathbf{R}^m$, S_r^{m-1} die Sphäre mit Radius r um den Ursprung des $\mathbf{R}^m$, $\pi: \mathbf{R}^n \to \mathbf{R}^{n-1}$ die kanonische Pro-

jektion (vgl. Vorbemerkung zu Satz (5.1)), und p_ν für $\nu \in \{-1,+1\}$ den eindeutig bestimmten Punkt von Σ^m mit $zf(p_\nu) = \nu$. Die p_ν sind also nach (i) kritische Punkte von zf mit extremalem Index, und es gibt daher (vgl. [30], §3) Einbettungen $\phi_\nu\colon B^m \to \Sigma^m$, die die Sphären S_r^{m-1} ($0 \leq r \leq 1$) in Niveauhyperflächen von zf abbilden, mit $\phi_\nu(0,\ldots,0) = p_\nu$. Ohne Beschränkung der Allgemeinheit lassen sich die ϕ_ν dabei so wählen, daß

$$\delta := zf\circ\phi_{+1}(\,(1,0,\ldots,0)\,) = -\,zf\circ\phi_{-1}(\,(1,0,\ldots,0)\,) > 3/4$$

gilt und die Abbildungen $\varphi_\nu := \pi\circ f\circ\phi_\nu\colon B^m \to \mathbf{R}^{n-1}$ differenzierbare Einbettungen sind. Die Mengen $U_\nu := \{\, p\in\Sigma^m \,/\, \nu zf(p) \in\,]\delta,1]\,\}$ sind dann offene m-Zellen in Σ^m mit $p_\nu \in U_\nu$. Da 0 kein kritischer Wert von zf ist, ist $\Sigma' := (zf)^{-1}(\{0\})$ eine (m-1)-dimensionale, kompakte, differenzierbare Untermannigfaltigkeit von Σ^m. Durch jedes $q\in\Sigma^m - \{p_{-1},p_1\}$ läuft genau eine Integralkurve $c_q\colon\,]-1,1[\, \to \Sigma^m - \{p_{-1},p_1\}$ des Vektorfeldes $\|\mathrm{grad}\, zf\|^{-2}\mathrm{grad}\, zf$ mit der Eigenschaft $zf(c_q(s)) = s$ für alle s aus $]-1,1[$, vgl. [30], p.13. Daraus folgt leicht, daß die Abbildung

$$\alpha\colon \Sigma' \times\,]-1,1[\, \to \Sigma^m - \{p_{-1},p_1\}$$

mit $\alpha(q,s) := c_q(s)$ ein Diffeomorphismus mit der Eigenschaft $zf(\alpha(q,s)) = s$ für alle $(q,s)\in\Sigma'\times]-1,1[$ ist. Schließlich sei für $p\in\Sigma^m - \{p_{-1},p_1\}$ der Punkt $p'\in\Sigma'$ definiert durch $\alpha(p',zf(p)) = p$.

Lemma C: Es gibt eine zu f diffeotope Einbettung f_1 von Σ^m in $\mathbf{R}^n$, so daß für alle $\nu\in\{-1,1\}$ gilt:

(a) $zf_1 = zf$. (Insbesondere hat zf_1 also die gleichen kritischen Punkte p_{-1}, p_1 und die gleichen Niveauhyperflächen wie zf).

(b) $\pi\circ f_1|U_\nu\colon U_\nu \to \mathbf{R}^{n-1}$ ist eine Einbettung.

(c) $\pi\circ f_1(\bar U_\nu) = \varphi_\nu(B^m)$, und für jedes $s\in[\delta,1]$ gibt es $r_\nu\in[0,1]$ mit $\pi\circ f_1((zf_1)^{-1}(\{\nu s\})) = \varphi_\nu(S_{r_\nu}^{m-1})$.

(d) $\pi\circ f_1\circ\alpha(q,\nu s) = \pi\circ f\circ\alpha(q,\nu\delta)$ für alle $(q,s)\in\Sigma'\times[1/4,\delta]$.

Beweis: Wähle $\varepsilon\in]\delta,1[$ und dazu eine monoton wachsende, differenzierbare Funktion $\lambda\colon\mathbf{R}\to\mathbf{R}$ mit folgenden Eigenschaften: $\lambda(u) = u$ für $|u| \geq \varepsilon$, $\lambda(u) = \nu\delta$ für $\nu u\in[1/4,\delta]$ und $\lambda'(u) = 0$ genau dann, wenn

$|u| \in [1/4, \delta]$. Ferner sei $\varrho : \mathbf{R} \to \mathbf{R}$ eine differenzierbare, monoton wachsende Funktion mit $\varrho(t) = 0$ für $t \leqq 1/4$ und $\varrho(t) = 1$ für $t \geqq 3/4$.

Wir definieren nun für $(t,u) \in [0,1] \times \mathbf{R}$ und $p \in \Sigma^m$:

$$\lambda_t(u) := (1-\varrho(t))u + \varrho(t)\lambda(u)$$

$$\overline{f}_t(p) := \begin{cases} (\pi \circ f \circ \alpha(p', \lambda_t(zf(p))),\ zf(p)) & \text{für } |zf(p)| < 1 \\ f(p) & \text{für } |zf(p)| > \varepsilon . \end{cases}$$

Im Überlappungsbereich stimmen die beiden Ausdrücke auf der rechten Seite der zweiten Gleichung überein. Trivialerweise gilt $\overline{f}_0 = f$, und wir setzen $f_1 := \overline{f}_1$. Dann verifiziert man sofort, daß f_1 die Eigenschaften (a), (c) und (d) besitzt, und eine einfache Rechnung zeigt, daß auch (b) erfüllt ist und $\overline{f}$ eine Diffeotopie von f in f_1 ist. (Geometrische Beschreibung von f_1: Ist $p \in \Sigma^m - \{p_{-1}, p_1\}$ und $u = zf(p)$ das Niveau von $f(p)$, so verschiebt man p längs der Integralkurve c_p bis zum Niveau $\lambda(u)$. Der so erhaltene Punkt sei $\tilde{p}$. Verschiebt man dann $f(\tilde{p})$ im $\mathbf{R}^n$ parallel zur z-Richtung wieder auf das Niveau u, so erhält man $f_1(p)$.)

(iv) Wir beweisen nun (unter Verwendung der am Schluß von (ii) eingeführten Bezeichnungen): $(U,U') \cong (\mathbf{R}^n, \mathbf{R}^m) \cong (V,V')$ in $\mathfrak{C}$.

Die in der Definition von $F'(1/2)$ auftretende Kreisscheibe läßt sich offensichtlich so klein wählen, daß

$$(V,V') = (F'(1/2),\ f_1(\Sigma^m) \cap F'(1/2)) \cong (F(1/2),\ f_1(\Sigma^m) \cap F(1/2))$$

in $\mathfrak{C}$ gilt. Daher genügt es aus Symmetriegründen, wenn wir zeigen:

$$(U,U') \cong (\mathbf{R}^n, \mathbf{R}^m). \qquad (1)$$

Wir beweisen zunächst:

$$(E(1/2),\ f_1(\Sigma^m) \cap E(1/2)) \cong (U,U'). \qquad (2)$$

Die Abbildung $g: \Sigma' \times [-1/2, 1/2] \to \mathbf{R}^{n-1}$ mit

$$g(q,t) := \pi \circ f_1 \circ \alpha(q,-t)$$

ist eine Diffeotopie. (An dieser Stelle werden die in Lemma C,(d) beschriebenen, zylindrischen "Hälse" von $f_1(\Sigma^m)$ ausgenutzt). Wir wählen eine starke Diffeotopie $G\colon \mathbf{R}^{n-1}\times[-1/2,1/2]\to\mathbf{R}^{n-1}$ mit der in Lemma A angegebenen Eigenschaft bezüglich g und setzen G durch $G_t := \mathrm{Id}$ für $t < -1/2$ differenzierbar auf $\mathbf{R}^{n-1}\times\,]-\infty,1/2]$ fort. Ist nun $\chi\colon\mathbf{R}\to\mathbf{R}$ eine differenzierbare Funktion mit $\chi(t) = -1/2$ für $t \leqq 1/2$, $\chi(t) = t$ für $t \geqq \delta$ und $\chi'(t) > 0$ für $t\in\,]1/2,\delta[$, so liefert der Diffeomorphismus $H\colon E(1/2)\to E(-1/2)$ mit

$$H(x) := \big(G(\pi(x),-\chi(x_n)),\ \chi(x_n)\big)$$

die Äquivalenz (2). Also ist nur noch der Nachweis von

$$(E(1/2),\ f_1(\Sigma^m)\cap E(1/2)) \cong (\mathbf{R}^n,\mathbf{R}^m) \qquad (3)$$

zu erbringen.

$\varphi_1\colon B^m\to\mathbf{R}^{n-1}$ war eine differenzierbare m-Zelle. Daher gibt es nach [32], Theorem B, einen Diffeomorphismus j von $\mathbf{R}^{n-1}$ auf sich, für den $j\circ\varphi_1 =$ = Inklusion von B^m in $\mathbf{R}^{n-1}$. Wir definieren $J\colon\mathbf{R}^n\to\mathbf{R}^n$ durch

$$J(x) := (j\circ\pi(x),x_n).$$

J induziert eine Äquivalenz

$$(E(1/2),\ f_1(\Sigma^m)\cap E(1/2)) \cong (E(1/2),\ J\circ f_1(\Sigma^m)\cap E(1/2)), \qquad (4)$$

und wegen Lemma C,(c) und (d) liegt der Durchschnitt $J\circ f_1(\Sigma^m)\cap E(1/2)$ schon in $E(1/2)\cap(\mathbf{R}^m\oplus\mathbf{R}z)$. Im Hinblick auf Lemma C ist damit die Äquivalenz

$$(E(1/2),\ J\circ f_1(\Sigma^m)\cap E(1/2)) \cong (\mathbf{R}^n,\mathbf{R}^m) \qquad (5)$$

geometrisch einleuchtend. Analytisch läßt sie sich folgendermaßen zeigen: Aus Lemma C folgt, daß der durch

$$K(x) := \left(\frac{x_1}{x_n-1/2},\ldots,\frac{x_m}{x_n-1/2},\ x_{m+1},\ldots,x_n\right)$$

definierte Diffeomorphismus von E(1/2) auf sich $J\circ f_1(\Sigma^m)\cap E(1/2)$ auf eine Untermannigfaltigkeit von E(1/2) abbildet, die durch π diffeomorph auf $\mathbf{R}^m$ projiziert wird; d.h. die Abbildung $k := \pi\circ K\circ J\circ f_1$ ist ein Diffeomorphismus von $(zf)^{-1}(]1/2,1])$ auf den $\mathbf{R}^m$. Setzt man daher für $x\in\mathbf{R}^n$

$$L(x) := \langle z,\ K\circ J\circ f_1\circ k^{-1}(x_1,\dots,x_m)\rangle$$

und definiert $M\colon E(1/2)\to\mathbf{R}^n$ durch

$$M(x) := \left(\pi(x),\ \log\frac{x_n - 1/2}{L(x)-1/2}\right),$$

so liefert schließlich $M\circ K$ die gesuchte Äquivalenz (5). Damit ist (1) bewiesen, und aus Lemma B folgt die Behauptung des Satzes (5.1).

Unter den Voraussetzungen von (5.1) läßt sich keine differenzierbare Unverknotetheit beweisen. Diese impliziert nämlich, daß Σ^m diffeomorph zu S^m ist. Aber für exotische Sphären Σ^m gilt nach (3.17):
$\inf\{\tau(f)\ /\ f\in \mathrm{Im}(\Sigma^m)\} = \inf\{\tau(f)\ /\ f\in \mathrm{Im}(\Sigma^m)$ und f Einbettung$\} = \beta(\Sigma^m) = 2$. Es gilt jedoch folgendes Resultat:

5.2 <u>Satz:</u> Σ^m sei eine kompakte, m-dimensionale differenzierbare Mannigfaltigkeit gerader Eulerscher Charakteristik, und es sei $m = 1$ oder $m \geq 5$. Ist $f\colon \Sigma^m\to\mathbf{R}^{m+2}$ eine differenzierbare Einbettung mit $\tau(f) < 4$, so ist Σ^m diffeomorph zu S^m und $f(\Sigma^m)$ differenzierbar unverknotet, d.h. es gibt einen Diffeomorphismus des $\mathbf{R}^{m+2}$ auf sich, der $f(\Sigma^m)$ in die Standard-m-Sphäre S^m überführt. Der Satz gilt auch für $m = 4$, falls Σ^m bereits diffeomorph zu S^4 vorausgesetzt wird.

<u>Beweis:</u> Die topologische Unverknotetheit von $f(\Sigma^m)$ ist in (5.1) gezeigt worden. In den angegebenen Fällen folgt daraus aber nach [9] (Fall $m = 1$) und [27] (Fall $m \geq 4$) die differenzierbare Unverknotetheit.

5.3 <u>Korollar:</u> Jede Einbettung einer exotischen m-Sphäre ($m \geq 5$) in den $\mathbf{R}^{m+2}$ hat mindestens die totale Absolutkrümmung 4.

5.4 **Bemerkungen:** Das letzte Korollar gibt eine partielle Antwort auf eine Frage von KUIPER: Die kompakte Mannigfaltigkeit M lasse sich in den $\mathbf{R}^n$, aber nicht in den $\mathbf{R}^{n-1}$ immersieren. Im Beweis von (3.17) war gezeigt worden, daß dann $\inf\{\ \tau(f)\ /\ f \in \mathrm{Im}^{n+1}(M)\ \} = \beta(M)$ ist. Gilt vielleicht schon $\inf\{\ \tau(f)\ /\ f \in \mathrm{Im}^{n}(M)\ \} = \beta(M)$? Da es Einbettungen exotischer Sphären in den euklidischen Raum mit Kodimension 2 gibt (vgl. Anhang), zeigt (5.3), daß die Frage mit "Nein" zu beantworten ist, wenn man sich auf Einbettungen beschränkt.

MILNOR hat in [28] mit den Methoden polygonaler Approximation gezeigt, daß für $\Sigma^m = S^1$ in (5.1) die Voraussetzung $\tau(f) \leq 4$ genügt. FOX gibt in [13] für jede natürliche Zahl $n > 0$ einen zahmen Knotentyp K_n an, für den gilt: $\inf\{\ \tau(f)\ /\ f \in K_n$ und f differenzierbar $\} = 2n$. Milnors Resultate besagen weiter, daß für jede Einbettung $f \in K_n$ stets $\tau(f) > 2n$ ist.- Das bisher einzige Ergebnis über analoge Sachverhalte in höheren Dimensionen scheint der folgende Satz zu sein:

5.5 Satz: Sei $m \in \mathbf{N}$, $m \geq 5$ und $m \equiv 1 \bmod 4$.
Dann gibt es eine exotische (2m-1)-Sphäre W^{2m-1} - nämlich die (2m-1)-dimensionale Kervaire-Sphäre - mit folgenden Eigenschaften:

(i) Es existiert eine Einbettung $f\colon W^{2m-1} \to \mathbf{R}^{2m+1}$ und $z \in S^{2m}$ mit $zf \in \Phi(W^{2m-1})$ und $\beta(zf) = 4$.

(ii) Zu jedem $\delta \in \mathbf{R}_+$ existiert eine Einbettung $f\colon W^{2m-1} \to \mathbf{R}^{2m+1}$ mit $\tau(f) < 4 + \delta$.

Beweis: Aus (i) folgt mittels (3.16) sofort (ii). Den ziemlich umfangreichen Beweis von (i) werden wir im Anhang führen.

5.6 **Problem:** Für n-dimensionale, zu S^n homöomorphe, differenzierbare Mannigfaltigkeiten Σ sei, vgl. (3.18),

$$k'(\Sigma) := \inf\ \{\ \tau(f)\ /\ f\colon \Sigma \to \mathbf{R}^{n+2} \text{ Einbettung }\}$$
$$= \min\ \{\ \beta(zf)\ /\ z \in S^{n+1},\ f \text{ Einbettung in } \mathbf{R}^{n+2} \text{ und } zf \in \Phi(\Sigma)\ \}.$$

Welche Zusammenhänge bestehen zwischen der differenzierbaren Struktur von Σ und dem Wert $k'(\Sigma)$? Aus (5.2) und (A.7) folgt:

Ist bP_{n+1} die Gruppe der Äquivalenzklassen n-dimensionaler, orientierter, zu S^n homöomorpher, differenzierbarer Mannigfaltigkeiten, die Rand einer parallelisierbaren, (n+1)-dimensionalen Mannigfaltigkeit sind, und ist k die von k' induzierte Abbildung $k: bP_{n+1} \to \mathbf{N} \cup \{\infty\}$, so gilt für $m \geqq 1$ und alle $\Sigma \in bP_{4m+2}$:

$$k(\Sigma) = 2 \cdot \text{Ordnung}(\Sigma), \text{ ("Ordnung" als Gruppenelement).}$$

FENCHEL hat in der ersten Arbeit [11] über die totale Absolutkrümmung gezeigt, daß das Bild einer Immersion $f: S^1 \to \mathbf{R}^3$ mit $\tau(f) = 2$ eine ebene, konvexe Kurve ist. CHERN und LASHOF haben einen entsprechenden Sachverhalt für Immersionen höher-dimensionaler Sphären nachgewiesen, vgl. (5.16). Allgemeiner hat KUIPER in [20],[21] obere Schranken für die 'Dimension' des Bildes von minimalen Immersionen angegeben. Die damit zusammenhängenden Resultate sollen im folgenden dargestellt werden.

5.7 <u>Definition:</u> Eine Immersion $f: M \to \mathbf{R}^n$ heiße <u>affin-k-dimensional</u> (bei Kuiper 'proper into $\mathbf{R}^k$') genau dann, wenn f(M) in einem k-dimensionalen, aber in keinem (k-1)-dimensionalen affinen Unterraum von $\mathbf{R}^n$ liegt.

Der Kern der Kuiperschen Sätze (5.9), (5.13) liegt in folgendem Lemma:

5.8 <u>Lemma:</u> Sei M eine m-dimensionale, kompakte, zusammenhängende Mannigfaltigkeit und $f: M \to \mathbf{R}^n$ eine minimale, affin-n-dimensionale Immersion. Mit N bezeichnen wir den Totalraum des Normalenbündels von f. Es seien $q \in M$, $z \in S^{n-1}$ so gewählt, daß $zf \in \Phi(M)$ und q kritischer Punkt von zf mit Index m ist. (Eine solche Wahl ist, da M kompakt ist, stets möglich). Dann ist der Homomorphismus

$$l: N_q \to L^2_{sym}(T_qM, \mathbf{R})$$

von N_q in den Raum der symmetrischen Bilinearformen auf T_qM, der jedem $e \in N_q$ die zweite Fundamentalform l_e von f in e zuordnet, ein Monomorphismus.

Beweis: Es sei $\nu: N \to \mathbf{R}^n$ die Gaußsche Normalenabbildung und $e \in N_q$ mit $\nu(e) = z$. Annahme: Es gibt $\bar{e} \in N_q - \{0\}$ mit $l_{\bar{e}} = 0$. Da f affin-n-dimensional ist, verschwindet die auf M definierte Funktion $h: p \mapsto \langle\nu(\bar{e}), f(p) - f(q)\rangle$ nicht identisch. Sei also $q_1 \in M$ mit $h(q_1) \neq 0$. Dann gibt es $\lambda \in \mathbf{R}$ mit

$$\langle\nu(e), f(q_1) - f(q)\rangle - \lambda\langle\nu(\bar{e}), f(q_1) - f(q)\rangle =$$
$$= \langle\nu(e-\lambda\bar{e}), f(q_1) - f(q)\rangle > 0. \qquad (1)$$

Nun ist $l_{e-\lambda\bar{e}} = l_e - \lambda l_{\bar{e}} = l_e$ nach Voraussetzung vom Index 0, vgl. (3.8.ii). Setzt man also $z' := \|\nu(e - \lambda\bar{e})\|^{-1}\nu(e - \lambda\bar{e})$, so ist q nichtdegenerierter kritischer Punkt von $z'f$ mit Index m. Also gibt es nach (3.12), (3.13) und (1) Umgebungen U von q in M und V von z' in S^{n-1}, so daß für fast alle $\bar{z} \in V$ gilt: $\bar{z}f \in \Phi(M)$, $\beta_m(\bar{z}f|U) = 1$, und für alle p aus U ist $\bar{z}f(q_1) > \bar{z}f(p)$. Folglich nimmt die Funktion $\bar{z}f$ ihr absolutes Maximum auf M in einem Punkt von $M - U$ an, der daher ein kritischer Punkt vom Index m ist. Somit $\beta_m(\bar{z}f) \geqq 2$ im Widerspruch zur Minimalität von f, vgl. (3.19) und (3.6.ii).

5.9 Korollar: Ist $f: M \to \mathbf{R}^n$ eine minimale und affin-k-dimensionale Immersion der kompakten, zusammenhängenden, m-dimensionalen Mannigfaltigkeit M, so gilt:

$$k \leqq \frac{m}{2}(m + 3).$$

Beweis: Nach (2.11) können wir ohne Einschränkung annehmen, daß $n = k$ ist. Nach (5.8) gibt es $q \in M$, so daß $l: N_q \to L^2_{sym}(T_qM, \mathbf{R})$ injektiv ist. Also ist

$$\dim N_q = k - m \leqq \dim L^2_{sym}(T_qM, \mathbf{R}) = \frac{m}{2}(m + 1).$$

Wie die Beispiele (3.22.iii und iv) zeigen, läßt sich die obige Abschätzung allgemein nicht verschärfen. Andrerseits liefert sie zum Beispiel für die höher-dimensionalen Sphären zunehmend schlechtere Resultate, wie wir noch sehen werden. Unter gewissen Voraussetzungen läßt sich jedoch für spezielle Mannigfaltigkeiten M eine schärfere Schranke angeben. Dazu einige Vorbemerkungen:

5.10 Definition: Sei $\beta = (\beta_0,\dots,\beta_m) \in \mathbb{N}^{m+1}$ und $L := L^2_{sym}(\mathbb{R}^m,\mathbb{R})$ der Raum der symmetrischen Bilinearformen auf $\mathbb{R}^m$. Wir definieren $g(\beta)$ als die maximale Dimension der Unterräume U von L mit folgenden Eigenschaften:

(i) U enthält eine definite Form.

(ii) Für alle $k \in \{1,\dots,m-1\}$ folgt aus $\beta_k = 0$, daß U keine Form vom Index k enthält.

(Dabei ist der Index wiederum definiert als die Dimension eines maximalen Unterraumes von $\mathbb{R}^m$, auf dem die Form negativ-definit ist.)

5.11 Die Berechnung von $g(\beta)$ ist im allgemeinen nicht leicht. Spezielle Werte hat Kuiper in [21] angegeben:

(1) Trivialerweise ist stets $g(\beta) \leqq \frac{m}{2}(m+1)$.

(2) Für $\beta = (1,0,\dots,0,1)$ ist $g(\beta) = 1$. Diesen Fall werden wir später noch benötigen und geben deshalb einen kurzen Beweis:
Angenommen, es gibt einen 2-dimensionalen Unterraum U von L mit (i), (ii). $a,b \in U$ seien linear-unabhängig. Da U keine indefinite Form enthält, können wir etwa $a(x,x) \geqq 0$ für alle $x \in \mathbb{R}^m$ annehmen. Sei $V \subset \mathbb{R}^m$ die Menge der x mit $a(x,x) > 0$. Da a,b linear-unabhängig sind, ist die auf V definierte Funktion $x \mapsto a(x,x)^{-1}b(x,x)$ nicht konstant. Daher gibt es $\lambda \in \mathbb{R}$ und $x,\bar{x} \in \mathbb{R}^m$ mit $\lambda a(x,x) > b(x,x)$ und $\lambda a(\bar{x},\bar{x}) < b(\bar{x},\bar{x})$. Also ist $b - \lambda a$ indefinit. Widerspruch.

(3) Für $\beta_1 = 0$ und $m = 2k$ oder $m = 2k+1$ gilt $g(\beta) \leqq m^2$.

(4) Für $m \in \{8,16\}$ und $\beta_0 = \beta_{m/2} = \beta_m = 1$, $\beta_k = 0$ sonst ist $g(\beta) = \frac{m}{2}+2$.

5.12 Wir werden kompakte, zusammenhängende Mannigfaltigkeiten M mit folgender Eigenschaft betrachten (vgl.(3.5)):

$$\beta(M) = \sum \beta_i(M).$$

Es ist unbekannt, ob diese Eigenschaft stets erfüllt ist. Sie gilt aber in folgenden Fällen:

(1) $\beta(M) = 2$.

(2) $\dim M \leq 2$.

(3) $\dim M \geq 6$ und $\pi_1(M) = 0$ und M torsionsfrei.

(4) M = reeller, komplexer oder quaternionaler projektiver Raum.

Der Beweis erfolgt in allen Fällen durch den Nachweis der Existenz einer Funktion $\varphi \in \Phi(M)$ mit $\beta_i(\varphi) = \varrho_i(M,F)$ für einen Körper F und alle i. (1) ist trivial. Bei (2) und (4) lassen sich solche Funktionen explizit angeben, vgl.[8] für (4). Im Falle (3) hat man einen Existenzsatz von SMALE, vgl. den Exposé 250 im Sem. Bourbaki von J.Cerf.

Damit läßt sich die angekündigte Verschärfung von (5.9) formulieren:

5.13 <u>Satz:</u> [21] Sei M eine kompakte, zusammenhängende, m-dimensionale Mannigfaltigkeit mit $\beta(M) = \Sigma\, \beta_i(M)$. Sei $f: M \to \mathbf{R}^n$ eine minimale, affin-k-dimensionale Immersion. Für $\beta := (\beta_o(M),\ldots,\beta_m(M))$ sei $g(\beta)$ definiert wie in (5.10). Dann gilt:

$$k \leq m + g(\beta).$$

<u>Beweis:</u> Ohne Einschränkung nehmen wir an, daß $n = k$, vgl. (2.11). Es seien $q \in M$ und $z \in S^{n-1}$ gewählt wie in (5.8), und wir bezeichnen mit $U \subset L^2_{sym}(T_qM,\mathbf{R})$ das Bild von N_q unter l. Sei wie im Beweis von (5.8) wieder $e \in N_q$ mit $\nu(e) = z$. Dann enthält U eine positiv-definite Form, nämlich l_e. Wir zeigen weiter, daß U keine Form vom Index k enthält, wenn immer $\beta_k(M) = 0$ ist. Dann ergibt sich aus der Definition von $g(\beta)$:

$$\dim U = k - m \leq g(\beta),$$

und der Satz ist bewiesen.

Sei $\beta_k(M) = 0$. Annahme: Es gibt $\bar{e} \in N_q$, so daß der Index von $l_{\bar{e}} = k$ ist. Für hinreichend kleine $\lambda \in \mathbf{R}_+$ ist $l_{\bar{e}+\lambda e}$ nicht-degeneriert und ebenfalls vom Index k. Also können wir ohne Beschränkung der Allgemeinheit $l_{\bar{e}}$ als nicht-degeneriert annehmen. Dann ist $l_{-\bar{e}} = - l_{\bar{e}}$ nicht-degeneriert und vom Index $m - k$. Aus (3.8) folgt: q ist nicht-degenerierter kritischer Punkt von $\nu(\bar{e})f$ mit Index k. Daher gibt es nach (3.13) ein $z \in S^{n-1}$ mit $zf \in \Phi(M)$ und $\beta_k(zf) > 0$; also ist nach Voraussetzung $\beta(zf) > \beta(M)$ im Widerspruch zur Minimalität von f.

5.14 Beispiel: Sei $P^2(\mathbf{R})$ der 2-dimensionale, reelle, projektive Raum und $f: P^2(\mathbf{R}) \to \mathbf{R}^n$ eine minimale Immersion. Dann ist $f(P^2(\mathbf{R}))$ nach (5.9) bereits in einem 5-dimensionalen, affinen Unterraum von $\mathbf{R}^n$ enthalten. Vergleiche dazu auch [20],p.86 und [25]. In der letzten Arbeit zeigt Kuiper, daß eine minimale Immersion $f: P^2(\mathbf{R}) \to \mathbf{R}^5$ eine Einbettung von $P^2(\mathbf{R})$ als Veronese-Fläche ist. Ein Beispiel für die verschärfte Abschätzung (5.13) werden wir im folgenden kennenlernen.

Nach (3.15.i) hat die Einbettung einer m-Sphäre in den $\mathbf{R}^{m+1}$ als konvexe Hyperfläche die totale Absolutkrümmung 2. Ist umgekehrt $f: M \to \mathbf{R}^n$ eine Immersion der kompakten Mannigfaltigkeit M und $\tau(f) = 2$, so ist M nach (4.2) homöomorph zu einer Sphäre S^m, und aus (5.13) folgt weiter, daß f affin-(m+1)-dimensional ist, vgl. (5.12.1) und (5.11.2). Unser Ziel ist nun, f(M) als konvexe Hyperfläche des von ihm aufgespannten affinen Raumes nachzuweisen. Wesentliches Hilfsmittel ist dazu das folgende, auf CHERN und LASHOF zurückgehende Lemma, vgl.[5], [14], [34],p.272 ff.

5.15 Lemma:

Voraussetzung: Sei $f: M \to \mathbf{R}^{m+1}$ eine Immersion der m-dimensionalen Mannigfaltigkeit M, $\nu_f^1 = (N^1, \pi^1, M)$ das Einheitsnormalenbündel von f, $\tilde{\nabla}$ der Levi-Civita-Zusammenhang von $\mathbf{R}^{m+1}$ und S der 2.Fundamentaltensor von f. Dann gilt für $p \in M$ und $e, \tilde{e} \in N_p^1$: $\operatorname{rg} S(e) = \operatorname{rg} S(\tilde{e})$, und wir bezeichnen diese nur von p abhängige Zahl mit t(p) (= "type number"). Schließlich setzen wir $U_k := \{ p \in M \ / \ t(p) = m - k \}$ für alle k aus $\{0,\dots,m\}$.

<u>Behauptung:</u> Sei $k \in \{1,\dots,m\}$ und $\mathring{U}_k \neq \emptyset$. Wir setzen für $p \in \mathring{U}_k$

$$v_k(p) := \ker S(e), \quad \text{wo} \quad e \in N_p^1 \quad \text{beliebig.}$$

Diese Definition ist unabhängig von der Wahl von e und ergibt eine differenzierbare, k-dimensionale Distribution v_k auf $\mathring{U}_k$. Für alle $p \in \mathring{U}_k$ gilt:

<u>(i)</u> Durch p geht genau eine maximale, (zusammenhängende) Integralmannigfaltigkeit $V_k(p)$ von v_k.

<u>(ii)</u> Die 2.Fundamentalform von $f|V_k(p)$ verschwindet auf $V_k(p)$, d.h. f bildet $V_k(p)$ bijektiv auf eine offene Teilmenge eines k-dimensionalen, affinen Unterraumes von $\mathbf{R}^{m+1}$ ab.

<u>(iii)</u> Ist $s \in \Gamma(\nu_f^1)$ in p definiert und $X \in T_pM$ tangential zu $V_k(p)$, so ist $(f^*\tilde{\nabla})_X s = 0$.

<u>(iv)</u> Ist $c\colon [a,b] \to M$ ein stetiger Weg mit $c([a,b[) \subset V_k(p)$, so gilt $c(b) \in U_k$.

<u>Beweis:</u> Wir bezeichnen die Metrik $f^*\langle\dots,\dots\rangle$ für M der Einfachheit halber ebenfalls mit $\langle\dots,\dots\rangle$ und schreiben ∇ für den Levi-Civita-Zusammenhang von $(M,\langle\dots,\dots\rangle)$.

<u>(i):</u> Da der Krümmungstensor von $\mathbf{R}^{m+1}$ verschwindet, ergibt die Definition von S: Ist $p \in M$ und sind $X, Y \in \Gamma(\tau_M)$, $s \in \Gamma(\nu_f^1)$ in p definiert, so ist

$$S_s([X,Y]_p) = \nabla_{X_p} S_s(Y) + \nabla_{Y_p} S_s(X). \tag{1}$$

Damit ist v_k involutiv, und (i) folgt aus dem Satz von Frobenius.

<u>(ii),(iii):</u> Nach [15],p.124 gibt es zu $p \in \mathring{U}_k$ eine Karte $u\colon U \to \mathbf{R}^m$ um p für $\mathring{U}_k$, so daß für das entsprechende Basisfeld $X_1,\dots,X_m$ gilt:

$$\text{Für alle } i \in \{1,\dots,k\} \text{ und } q \in U \text{ ist } X_i(q) \in v_k(q). \tag{2}$$

Sei nun $s \in \Gamma(\nu_f^1)$ auf U definiert. Dann gilt für alle $i \in \{1,\dots,k\}$ nach

Definition von v_k:

$$(f^*\tilde{\nabla})_{X_i} s = 0, \tag{3}$$

und daraus folgt (iii). Weiter ergeben (1),(2) wegen $[X_i,X_j] = 0$:

$$\nabla_{X_i} S_s(X_j) = \nabla_{X_j} S_s(X_i) = 0 \quad \text{für} \quad (i,j) \in \{1,\dots,k\} \times \{k+1,\dots,m\}. \tag{4}$$

Aber $S_s(X_{k+1}),\dots,S_s(X_m)$ sind in allen $q \in U$ eine Basis des Orthogonalraumes von $T_qV_k(q)$ in T_qM, denn $\langle X_i, S_s(X_j)\rangle = \langle S_s(X_i), X_j\rangle = 0$ für (i,j) wie in (4). Daher folgt aus (3) und (4) die Behauptung (ii).

(iv): Sei c wie in der Behauptung, $p' := c(b)$ und $s \in \Gamma(\nu_f^1)$ auf einer Umgebung U' von p' definiert. Ohne Einschränkung können wir annehmen, daß $U' \cap V_k(p)$ zusammenhängend und $c([a,b]) \subset U'$ ist. Für ν' wie in (3.1) ist

$$d(\nu' \circ s) = (df) \circ S_s. \tag{5}$$

Also ist $\nu' \circ s$ nach (iii) auf $V_k(p) \cap U'$ konstant, und wir setzen $z := \nu' \circ s(p')$. Dann ist nach (ii) $f(V_k(p))$ offene Teilmenge eines zu z orthogonalen, affinen Unterraumes $f(p') + H_k$ des $\mathbb{R}^{m+1}$. Sei nun $a_1,\dots,a_k$ eine Basis von H_k, die sich durch $a_{k+1},\dots, a_{m+1}=z$ zu einer Orthonormalbasis von $\mathbb{R}^{m+1}$ ergänzen läßt. Wir setzen für $i \in \{1,\dots,m\}$:

$$\bar{u}_i := a_i f. \tag{6}$$

Dann bilden die Beschränkungen u_i der $\bar{u}_i$ auf eine geeignete Umgebung $U \subset U'$ von p' eine Karte für M, die wegen (6) offenbar folgende Eigenschaft hat:

$$\begin{aligned} &\frac{\partial}{\partial u_1}(q),\dots,\frac{\partial}{\partial u_k}(q) \in v_k(q) \quad \text{für alle} \quad q \in V_k(p) \cap U,\\ &\frac{\partial}{\partial u_{k+1}}(q),\dots,\frac{\partial}{\partial u_m}(q) \in v_k(q)^{\perp} \quad \text{für alle} \quad q \in V_k(p) \cap U. \end{aligned} \tag{7}$$

Wir setzen nun auf U für alle $i \in \{1,\dots,m\}$

$$g_i := \frac{\partial}{\partial u_i}(zf).$$

Dann ist auf U

$$\nu' \circ s = \| z - \sum_{i=1}^{m} g_i a_i \|^{-1} (z - \sum_{i=1}^{m} g_i a_i).$$

Bildet man die Funktionalmatrix dieser ($\mathbb{R}^{m+1}$-wertigen) Funktion in $q \in U$ bezüglich der Karte $u_1, \dots, u_m$ und der Basis $a_1, \dots, a_{m+1}$, so findet man, daß ihr Rang gleich dem der Matrix $\left(\frac{\partial g_i}{\partial u_j}(q) \right)_{i,j=1,\dots,m}$ ist. Also hat man für $q \in U$ nach (5):

$$t(q) = \operatorname{rg} \left(\frac{\partial g_i}{\partial u_j}(q) \right)_{i,j=1,\dots,m}. \tag{8}$$

Aus (7) und (3.8.ii) erhält man weiter für $q \in V_k(p) \cap U$:

$$\det \left(\frac{\partial g_i}{\partial u_j}(q) \right)_{i,j=k+1,\dots,m} \neq 0, \tag{9}$$

und es bleibt zu zeigen, daß diese Ungleichung auch noch für $q = p'$ besteht.

Wir setzen nun

$$y_i := u_i \quad \text{für } i \in \{1,\dots,k\}$$

und

$$y_j := g_j \quad \text{für } j \in \{k+1,\dots,m\}. \tag{10}$$

Dann gibt es eine Umgebung $\tilde{U}$ von $V_k(p) \cap U$ in $\mathring{U}_k \cap U$, so daß für alle $\tilde{q} \in \tilde{U}$ gilt $(dy_1 \wedge \dots \wedge dy_m)_{\tilde{q}} \neq 0$. Sei $Y_1, \dots, Y_m$ das zu den dy_i duale Basisfeld auf $\tilde{U}$ und $X_1, \dots, X_m$ die Beschränkung der $\frac{\partial}{\partial u_i}$ auf $\tilde{U}$.

Nach (8) ist $\operatorname{rg} (Y_j \cdot g_i)_{i,j=1,\dots,m} = m - k$ auf $\tilde{U}$. Also ergibt (10):

$$(Y_j \cdot g_i)(\tilde{q}) = 0 \quad \text{für alle } i,j \in \{1,\dots,k\} \text{ und } \tilde{q} \in \tilde{U}. \tag{11}$$

Nun ist auf $\tilde{U}$

$$\begin{aligned} 0 &= d^2(zf) \\ &= \sum_{i=1}^{m} dg_i \wedge du_i \\ &= \sum_{i=1}^{k} dg_i \wedge dy_i + \sum_{i=k+1}^{m} dy_i \wedge du_i \\ &= \sum_{i=1}^{k} \sum_{j=1}^{m} (Y_j \cdot g_i) dy_j \wedge dy_i + \sum_{i=k+1}^{m} \sum_{j=1}^{m} (Y_j \cdot u_i) dy_i \wedge dy_j, \end{aligned}$$

woraus durch Koeffizientenvergleich folgt

$$Y_j \cdot g_i + Y_i \cdot u_j = 0 \quad \text{für } (i,j) \in \{1,\dots,k\} \times \{k+1,\dots,m\}. \tag{12}$$

Setzt man für $j \in \{k+1,\dots,m\}$

$$c_j := u_j + \sum_{r=1}^{k} (Y_j \cdot g_r) y_r ,$$

so findet man mittels (11) und (12) für $i \in \{1,\dots,k\}$, beachte $[Y_i, Y_j] = 0$,

$$Y_i \cdot c_j = 0. \tag{13}$$

Schließlich erhält man für $\eta, \varphi \in \{k+1,\dots,m\}$ wegen $X_\varphi \cdot u_\eta = \delta_{\eta\varphi}$

$$\begin{aligned} \delta_{\eta\varphi} &= \sum_{j=1}^{m} (Y_j \cdot u_\eta)(X_\varphi \cdot y_j) \\ &= \sum_{j=k+1}^{m} \{(Y_j \cdot c_\eta) - \sum_{i=1}^{k} Y_j \cdot (Y_\eta \cdot g_i) u_i\}(X_\varphi \cdot g_j), \end{aligned} \tag{14}$$

und insbesondere

$$\begin{aligned} 1 = \det &\left(\frac{\partial g_\eta}{\partial u_\varphi}\right)_{\eta,\varphi=k+1,\dots,m} \times \\ \times \det &\left(Y_\varphi \cdot c_\eta - \sum_{i=1}^{k} Y_\varphi \cdot (Y_\eta \cdot g_i) u_i \right)_{\eta,\varphi=k+1,\dots,m} \end{aligned} \tag{15}$$

Nun ist p' nach Voraussetzung Randpunkt einer Zusammenhangskomponente Z von $\tilde{U} \cap V_k(p)$. Da $y_{k+1},\dots,y_m$ aber auf $\tilde{U} \cap V_k(p)$ nach Definition verschwinden, folgt aus (11) und (13), daß die Funktionen $Y_\varphi \cdot c_\eta$ und $Y_\varphi \cdot (Y_\eta \cdot g_i)$ für $\eta, \varphi \in \{k+1,\dots,m\}$ und $i \in \{1,\dots,k\}$ auf Z konstant sind, beachte $[Y_i, Y_j] = 0$. Also existiert der Limes der zweiten Determinante in (15) für $q \to p'$ $(q \in Z)$. Daher gilt (9) für $q = p'$.

Damit können wir folgende Umkehrung von (3.15.i) beweisen:

5.16 <u>Satz:</u> [5] M sei eine kompakte, m-dimensionale Mannigfaltigkeit, $f: M \to \mathbb{R}^n$ eine affin-r-dimensionale Immersion und A der von f(M) aufgespannte, affine Unterraum von $\mathbb{R}^n$. Dann gilt:
Ist $\tau(f) = 2$, so ist M homöomorph zu S^m, $r = m + 1$, f eine Einbettung und f(M) eine konvexe Hyperfläche von A.

<u>Beweis:</u> Nach (4.2) ist M homöomorph zu S^m. Nach (5.13), (5.12.1) und (5.11.2) ist $r = m + 1$. Also können wir nach (2.11) ohne Einschränkung annehmen, daß $n = r = m + 1$ ist.

Wir zeigen zunächst:

Jede an f(M) tangentiale Hyperebene des $\mathbb{R}^{m+1}$ ist eine Stützebene für f(M). (*)

Andernfalls gäbe es nämlich $z_o \in S^m$ und $p_o \in M$, so daß $z_o f$ in p_o einen kritischen Punkt hat und $z_o f(p_o)$ innerer Punkt von $z_o f(M)$ ist.

<u>1.Fall:</u> p_o ist nicht-degenerierter kritischer Punkt von $z_o f$.

Dann findet man vermöge (3.12), (3.13) sofort ein $z \in S^m$ mit $zf \in \Phi(M)$ und $\beta(zf) \geqq 3$ im Widerspruch zur Voraussetzung $\tau(f) = 2$.

<u>2.Fall:</u> p_o ist degenerierter kritischer Punkt.

Mit den Bezeichnungen von (5.15) gelte: $p_o \in U_k$, $k > 0$. Nach (5.15) gibt es dann einen Randpunkt $\tilde{p}_o \in U_k$, der ebenfalls kritischer Punkt von $z_o f$ ist, und für den $z_o f(\tilde{p}_o) = z_o f(p_o)$ gilt. Da die Rang-Funktion t unterhalb stetig ist, ist $\tilde{p}_o$ Häufungspunkt von $\bigcup_{0}^{k-1} U_l$, also gibt es $k_1 \leqq k - 1$, $p_1 \in U_{k_1}$ und $z_1 \in S^m$, so daß p_1 kritischer Punkt von $z_1 f$ und $z_1 f(p_1)$ innerer Punkt von $z_1 f(M)$ ist. Durch Iterierung dieses Verfahrens erhält man ein $z \in S^m$, $p \in M$, so daß p nicht-degenerierter kritischer Punkt von zf und zf(p) innerer Punkt von zf(M) ist. Damit ist der zweite Fall auf den ersten zurückgeführt und (*) bewiesen.

Aus (*) ergibt sich nun, daß f(M) enthalten ist im Rande der konvexen Hülle Hf(M) von f(M). Da f(M) affin-(m+1)-dimensional ist, ist Hf(M) ein konvexer Körper, der Rand also homöomorph zu S^m. Daher induziert f eine lokal-topologische Abbildung $h: S^m \to S^m$, die also eine Überlagerung ist. Ist $m > 1$, so folgt daraus, daß f eine Bijektion von S^m auf den Rand von Hf(M) ist. Für $m = 1$ folgt die gleiche Aussage aus der zusätzlichen Information $\tau(f) = 2$.

Der letzte Satz zeigt unter anderem, daß sich nicht jede Mannigfaltigkeit minimal in einen euklidischen Raum immersieren läßt:

5.17 Korollar: Die exotischen m-Sphären ($m \geqq 5$) gestatten keine minimalen Immersionen in euklidische Räume.

Beweis: Trivial nach (5.16) und (5.3).

§6. Kompakte Hyperflächen.

Wir charakterisieren nun die minimalen Immersionen kompakter Flächen in den dreidimensionalen euklidischen Raum und geben die Resultate aus [23] und [24] über die Existenz solcher Immersionen an. Die weiteren Untersuchungen sind analogen Fragestellungen für kompakte Flächen in elliptischen Raumformen gewidmet.

6.1 Definition: M sei eine kompakte, differenzierbare und $(\tilde{M},\tilde{g})$ eine Riemannsche Mannigfaltigkeit. Dann setzen wir

$$\tau(M;(\tilde{M},\tilde{g})) := \inf \{ \tau(f) \,/\, f\colon M \to \tilde{M} \text{ Immersion } \},$$

wobei $\inf \emptyset := \infty$ sein soll. Eine Immersion $f\colon M \to \tilde{M}$ heißt $(\tilde{M},\tilde{g})$-minimal genau dann, wenn $\tau(f) = \tau(M;(\tilde{M},\tilde{g}))$ gilt.

Nach (3.17) gilt für jede kompakte Mannigfaltigkeit M und für hinreichend großes n offenbar $\tau(M;(\mathbf{R}^n,<\ldots,\ldots>)) = \beta(M)$. Ist $\dim M = 2$, so hat man genauer folgenden Satz:

6.2 Satz: Für jede kompakte, zusammenhängende Fläche M gilt

$$\tau(M;(\mathbf{R}^3,<\ldots,\ldots>)) = \beta(M) = 4-\chi(M).$$

Insbesondere sind also die $(\mathbf{R}^3,<\ldots,\ldots>)$-minimalen Immersionen kompakter Flächen gerade die minimalen Immersionen in den $\mathbf{R}^3$ im Sinne der Definition (3.19).

Beweis: Sei $\varphi \in \Phi(M)$ mit $\beta(\varphi) = \beta(M)$. Dann gilt nach (3.6.ii): $\beta_0(\varphi) = \beta_2(\varphi) = 1$. Andrerseits ist $\beta_1(\varphi) = \beta_0(\varphi) + \beta_2(\varphi) - \chi(M)$ nach (3.6.iii). Daraus folgt $\beta(M) = 4 - \chi(M)$. Für die orientierbaren Flächen haben wir in (2.9.iii) minimale Einbettungen in den $\mathbf{R}^3$ angegeben. Für die nicht-orientierbaren Flächen lassen sich Immersionen f in den $\mathbf{R}^3$ finden (vgl. etwa 24), derart daß $zf \in \Phi(M)$ und $\beta(zf) = \beta(M)$ für ein $z \in S^2$. Aus (3.16) folgt dann die Behauptung.

6.3 <u>Satz:</u> Für eine Immersion $f\colon M \to \mathbb{R}^3$ der kompakten, zusammenhängenden Fläche M in den $\mathbb{R}^3$ sind folgende Aussagen äquivalent:

<u>(i)</u> f ist minimal.

<u>(ii)</u> Für alle $p \in M$ gilt: Ist p ein Punkt positiver Gaußscher Krümmung und $z \in S^2$ orthogonal zu $d_pf(T_pM)$, so ist

$$(zf)^{-1}(\ \{zf(p)\}\ ) = \{p\}.$$

<u>(iii)</u> $\tau(f) = 4 - \chi(M)$.

Die Aussage (ii) bedeutet, daß alle Punkte positiver Gaußscher Krümmung auf dem Rande der konvexen Hülle von $f(M)$ liegen, d.h. $f(M)$ "so konvex wie möglich" ist.

<u>Beweis:</u> Die Äquivalenz von (i) und (iii) folgt aus (6.2).

<u>(i) impliziert (ii):</u> Seien p und z wie in (ii) gegeben. Ohne Einschränkung sei p nicht-degenerierter kritischer Punkt vom Index 2 von zf. Da f minimal ist, gilt dann $zf(q) \leq zf(p)$ für alle $q \in M$, vgl.(3.6.ii). Da p ein Punkt positiver Gaußscher Krümmung ist, ist es isolierter Punkt von $A' := (zf)^{-1}(\ \{zf(p)\}\ )$ und daher $A := A' - \{p\}$ abgeschlossen. Wir müssen zeigen, daß $A = \emptyset$ ist, und nehmen dazu das Gegenteil an. Dann lassen sich $\{p\}$ und A durch disjunkte Umgebungen trennen. Seien also U_1, U_2 disjunkte, offenen Mengen von M mit $p \in U_1$ und $A \subset U_2$. Eine einfache Abschätzung zeigt, daß für alle z' in einer Umgebung V von z in S^2 die Funktionen $z'f|\bar{U}_1$ und $z'f|\bar{U}_2$ ihr Maximum im Innern ihres jeweiligen Definitionsbereiches annehmen. Wählt man also $z' \in V$ mit $z'f \in \Phi(M)$, so folgt $\beta_2(z'f) \geq 2$ im Widerspruch zur Minimalität.

<u>(ii) impliziert (iii):</u> Aus (ii) erhält man für fast alle $z \in S^2$: $\beta_0(zf) = \beta_2(zf) = 1$. Also ist dann $\beta(zf) = 2 + \beta_1(zf) = 2 + 2 - \chi(M)$.

Auf die Frage nach der Existenz minimaler Immersionen der kompakten Flächen in den $\mathbb{R}^3$ hat KUIPER (mit Hilfe einer Verbesserung der obigen Implikation "aus (i) folgt (ii)") folgende Antworten gegeben:

6.4 Satz: [23],[24] Sei M eine kompakte, zusammenhängende Fläche. Dann gilt:

(i) Ist $|\chi(M)| \geqq 2$, so gestattet M minimale Immersionen in $\mathbf{R}^3$.

(ii) Ist $\chi(M) = 1$ (projektive Ebene), so gestattet M keine minimale Immersion in $\mathbf{R}^3$.

(iii) Ist $\chi(M) = 0$, so gestattet M genau dann eine minimale Immersion in $\mathbf{R}^3$, wenn es der Torus ist.

Im einzigen hierdurch nicht erfaßten Fall ($\chi(M) = -1$: Projektive Ebene mit einem Henkel) ist die Existenzfrage bisher nicht gelöst.

Beweis: Vergleiche die angeführten Arbeiten.

Wir wenden uns nun dem Fall kompakter Hyperflächen in elliptischen Raumformen zu. Für $\alpha > 0$ sei im folgenden S^n_α die Sphäre mit Radius $1/\sqrt{\alpha}$:

$$S^n_\alpha := \{ p \in \mathbf{R}^{n+1} \ / \ \alpha \sum_{i=1}^{n+1} p_i^2 = 1 \}.$$

Zur Vereinfachung der Notation bezeichnen wir das kanonische Skalarprodukt im $\mathbf{R}^{n+1}$, die dadurch induzierte Riemannsche Metrik des $\mathbf{R}^{n+1}$ und die von dieser induzierte Riemannsche Metrik von S^n_α sämtlich mit $\langle \ldots, \ldots \rangle$. $(S^n_\alpha, \langle \ldots, \ldots \rangle)$ ist (für $n \geq 2$) also eine Riemannsche Mannigfaltigkeit von konstanter Schnittkrümmung α.

Wesentliches Hilfsmittel für die folgenden Untersuchungen ist die nachstehende Verallgemeinerung des Gaußschen "Theorema egregium".

6.5 Lemma: (M,g) und $(\tilde{M},\tilde{g})$ seien Riemannsche Mannigfaltigkeiten und $f: (M,g) \longrightarrow (\tilde{M},\tilde{g})$ eine Riemannsche Immersion. Es gelte $\dim M = 2$, $\dim \tilde{M} = 3$. Wir bezeichnen mit K und $\tilde{K}$ die entsprechenden Schnittkrümmungen und mit G die Gaußsche Krümmung von f. Dann gilt für alle $p \in M$:

$$K(T_pM) = \tilde{K}(f_* T_pM) + G(p).$$

Beweis: Die Formel folgt durch einfache Rechnung aus den Definitionen von K, $\tilde{K}$ und G unter Benutzung der Strukturgleichungen. Vergleiche etwa [2],p.193.

6.6 <u>Satz</u>: $(\tilde{M},\tilde{g})$ sei eine 3-dimensionale Riemannsche Mannigfaltigkeit mit nicht-negativer Schnittkrümmung. M sei eine kompakte, zusammenhängende Fläche. Dann gilt:

<u>(i)</u> $$\tau(M;(\tilde{M},\tilde{g})) \geqq \tfrac{1}{2}(|\chi(M)| - \chi(M)).$$

<u>(ii)</u> Ist die Schnittkrümmung von $(\tilde{M},\tilde{g})$ überall positiv und $\chi(M) \leqq 0$, so gilt für jede Immersion $f\colon M \to \tilde{M}$:

$$\tau(f) > \tfrac{1}{2}(|\chi(M)| - \chi(M)) = |\chi(M)|.$$

<u>Beweis:</u> Für $\chi(M) \geqq 0$ ist die Behauptung (i) trivial. Sei also $\chi(M) \leqq 0$ und $f\colon M \to \tilde{M}$ eine Immersion. Wir nehmen zunächst an, daß M orientierbar ist. $G\colon M \to \mathbb{R}$ sei die Gaußsche Krümmung von f, $K\colon M \to \mathbb{R}$ die innere Krümmung von $(M,f^*\tilde{g})$ (d.h. $K(p)$ = Wert der Schnittkrümmung von $(M,f^*\tilde{g})$ auf T_pM) und $\bar{K}\colon M \to \mathbb{R}$ die Abbildung, die jedem $p \in M$ den Wert der Schnittkrümmung von $(\tilde{M},\tilde{g})$ auf $f_*(T_pM)$ zuordnet. Schließlich sei $\varkappa$ eine Volumenform für $(M,f^*\tilde{g})$. Dann ist nach (6.5)

$$\tau(f) = \frac{1}{2\pi}\int_M |G|\varkappa \geqq \left|\frac{1}{2\pi}\int_M K\varkappa - \frac{1}{2\pi}\int_M \bar{K}\varkappa\right| = |\chi(M)| + \frac{1}{2\pi}\int_M \bar{K}\varkappa .$$

Daraus folgen (i) und (ii). Ist M nicht-orientierbar, so gibt es eine zweifache Überlagerung $\pi\colon \hat{M} \to M$ der orientierbaren Fläche $\hat{M}$ von der Charakteristik $\chi(\hat{M}) = 2\chi(M)$, und es gilt $\tau(f\circ\pi) = 2\cdot\tau(f)$. Daraus ergibt sich die Behauptung im nicht-orientierbaren Fall.

Im folgenden soll gezeigt werden, daß unter gewissen zusätzlichen Voraussetzungen in der obigen Abschätzung (i) die Gleichheit gilt. Aus (ii) ergeben sich dann Aussagen über die Nicht-Existenz minimaler Immersionen. Zunächst beweisen wir im Lemma (6.9) einen Approximationssatz, der es gestattet, den elliptischen (und hyperbolischen) Fall mit dem euklidischen zu vergleichen. (Vermutlich läßt sich ein ähnliches Resultat auch ohne die Voraussetzung konstanter Schnittkrümmung beweisen).

6.7 <u>Definition:</u> Für $\alpha \in \mathbf{R}$ und $n \geq 2$ sei

$$C_\alpha^n := \mathbf{R}^n, \quad \text{falls } \alpha \geq 0,$$

$$C_\alpha^n := \{\, p \in \mathbf{R}^n \,/\, \|p\|^2 < \frac{1}{|\alpha|}\}, \quad \text{falls } \alpha < 0.$$

Weiter definieren wir $\beta_\alpha: C_\alpha^n \to \mathbf{R}$ durch

$$\beta_\alpha(p) := 4(1 + \alpha\|p\|^2)^{-2}$$

und setzen $g_\alpha := \beta_\alpha\langle \ldots,\ldots\rangle$, wobei $\langle\ldots,\ldots\rangle$ die Beschränkung der kanonischen Riemannschen Metrik des $\mathbf{R}^n$ auf C_α^n ist.
Dann ist (C_α^n, g_α) eine Riemannsche Mannigfaltigkeit von konstanter Riemannscher Schnittkrümmung α.

6.8 <u>Definition:</u> Seien $\alpha,\gamma \in \mathbf{R}$ und $\gamma \geq \min\{\alpha,0\}$. Sei $f: M \to C_\alpha^n$ eine Immersion der differenzierbaren Mannigfaltigkeit M. Sei weiter $j_{\alpha,\gamma}: C_\alpha^n \to C_\gamma^n$ die Inklusion. Für kompaktes $A \subset M$ mit $\mathring{A} \neq \emptyset$ ist $\mathring{A}$ eine offene Untermannigfaltigkeit von M, und wir können

$$\tau(f|A,\gamma) := \tau(\, j_{\alpha,\gamma}\circ f|\mathring{A}\,)$$

definieren, wobei die rechte Seite für die Immersion $j_{\alpha,\gamma}\circ f|\mathring{A}$ von $\mathring{A}$ in (C_γ^n, g_γ) erklärt ist wie in (2.4). (Das Integral existiert wegen der Kompaktheit von A).– Wir bemerken noch, daß $\tau(f|A,0)$ wegen $g_0 = 4\langle\ldots,\ldots\rangle$ gerade die totale Absolutkrümmung von $f|\mathring{A}$, gedeutet als Abbildung in den euklidischen $\mathbf{R}^n$, ist.

6.9 <u>Lemma:</u> Sei $f: M \to C_\alpha^n$ eine Immersion der differenzierbaren Mannigfaltigkeit M, $\dim M < n$. Für $\lambda \in]0,1]$ sei $f_\lambda: M \to C_\alpha^n$ definiert durch $f_\lambda(p) := \lambda f(p)$. Sei $A \subset M$ kompakt und $\mathring{A} \neq \emptyset$. Dann gilt:

$$\lim_{\lambda\to 0} \tau(f_\lambda|A,\alpha) = \tau(f|A,0).$$

<u>Beweis:</u> Wir geben hier nur den Beweis des folgenden Spezialfalles:

$$\dim M = 2, \quad M \text{ orientierbar}, \quad n = 3.$$

Für nicht-orientierbare Flächen kann man dann schließen wie in (6.6). Der

Fall beliebiger Dimension erfordert eine nicht schwere, aber ziemlich umfangreiche Rechnung.

Für $\gamma \in \{0,\alpha\}$ und $\lambda \in]0,1]$ sei

$G^{\gamma,\lambda}: M \to \mathbb{R}$ die Gaußsche Krümmung von f_λ bezüglich g_γ,

$K^{\gamma,\lambda}: M \to \mathbb{R}$ die innere Krümmung von $(M, f_\lambda^* g_\gamma)$,

$\varkappa^{\gamma,\lambda}$ die Volumenform von $(M, f_\lambda^* g_\gamma)$ bezüglich einer Orientierung von M, die im folgenden festgehalten werde.

Zunächst gilt offenbar für alle $\lambda \in]0,1]$

$$\tau(f_\lambda | A,0) = \tau(f | A,0),$$

und daher genügt es zu zeigen:

$$\lim_{\lambda \to 0} |\tau(f_\lambda | A,\alpha) - \tau(f_\lambda | A,0)| = 0. \qquad (1)$$

Mit $\varphi_\lambda := (1 + \lambda^2 \alpha \|f\|^2)^{-2}$ gilt $f_\lambda^* g_\alpha = \varphi_\lambda f_\lambda^* g_0$ und $f_\lambda^* g_0 = \lambda^2 f^* g_0$, und deshalb ist

$$\varkappa^{\alpha,\lambda} = \varphi_\lambda \varkappa^{0,\lambda} \quad \text{und} \quad \varkappa^{0,\lambda} = \lambda^2 \varkappa^{0,1}.$$

Nach Definition der absoluten Totalkrümmung erhält man daraus:

$$\begin{aligned} 2\pi |\tau(f_\lambda | A,\alpha) - \tau(f_\lambda | A,0)| &= \left| \int_A |G^{\alpha,\lambda}| \varkappa^{\alpha,\lambda} - \int_A |G^{0,\lambda}| \varkappa^{0,\lambda} \right| \\ &= \left| \int_A \{ |\varphi_\lambda G^{\alpha,\lambda}| - |G^{0,\lambda}| \} \varkappa^{0,\lambda} \right| \\ &\leqq \lambda^2 \int_A |\varphi_\lambda G^{\alpha,\lambda} - G^{0,\lambda}| \varkappa^{0,1}. \end{aligned}$$

Also ergibt sich (1), wenn wir nachgewiesen haben, daß die Abbildung

$$(\lambda,p) \longmapsto |\varphi_\lambda(p) G^{\alpha,\lambda}(p) - G^{0,\lambda}(p)|$$

sich stetig auf $[0,1] \times A$ fortsetzen läßt. (2)

Nach (6.5) ist

$$\varphi_\lambda G^{\alpha,\lambda} - G^{0,\lambda} = \varphi_\lambda K^{\alpha,\lambda} - K^{0,\lambda} - \alpha\varphi_\lambda. \qquad (3)$$

Setzt man nun $\Phi_\lambda := \log \varphi_\lambda$ und wählt $p \in M$ und $X,Y \in T_pM$ orthonormal bezüglich $f_1^* g_o$ - also $\frac{1}{\lambda}X, \frac{1}{\lambda}Y$ orthonormal bezüglich $f_\lambda^* g_o$ -, so ergibt sich nach einfacher Rechnung aus der Definition von K:

$$\varphi_\lambda(p)K^{\alpha,\lambda}(p) - K^{o,\lambda}(p) = -\frac{1}{2}\{\text{hess}^\lambda\varphi_\lambda(\tfrac{1}{\lambda}X, \tfrac{1}{\lambda}X) + \text{hess}^\lambda\varphi_\lambda(\tfrac{1}{\lambda}Y, \tfrac{1}{\lambda}Y)\} \quad (4)$$
$$= -\frac{1}{2}(\Delta^\lambda\varphi_\lambda)(p).$$

Dabei ist die Bildung hess^λ, wie auch die unten folgenden Bildungen grad^λ und $\|\ldots\|_\lambda$, bezüglich der Metrik $f_\lambda^* g_o$ zu verstehen, und Δ^λ ist der Laplace-Operator dieser Metrik.

Ausrechnung der rechten Seite von (4) ergibt

$$\varphi_\lambda K^{\alpha,\lambda} - K^{o,\lambda} = \alpha\sqrt{\varphi_\lambda}\,\Delta^1(\langle f,f\rangle) - \alpha^2\lambda^2(\|\text{grad}^1\langle f,f\rangle\|_1)^2. \quad (5)$$

Aus (3) und (5) folgt (2) und damit die Behauptung.

Als Folgerung aus diesem Lemma erhält man:

6.10 <u>Satz:</u> Ist $(\tilde{M},\tilde{g})$ eine n-dimensionale, orientierbare Riemannsche Mannigfaltigkeit von konstanter Riemannscher Schnittkrümmung und läßt sich die kompakte Mannigfaltigkeit M in den $\mathbf{R}^n$ immersieren, so gilt

$$\tau(M;(\tilde{M},\tilde{g})) \leq \tau(M;(\mathbf{R}^n,\langle\ldots,\ldots\rangle)).$$

<u>Beweis:</u> Folgt aus (6.9) und der lokalen Isometrie von $(\tilde{M},\tilde{g})$ und (C_α^n, g_α) für geeignetes α.

Das Lemma (6.9) ermöglicht nun auch den Beweis der angekündigten Verschärfung von (6.6.i). Wir betrachten zunächst den Fall orientierbarer Hyperflächen und skizzieren anschließend, wie man durch Modifikation des Beweises auch Aussagen für nicht-orientierbare Flächen negativer Eulerscher Charakteristik erhält.

6.11 <u>Satz:</u> Ist $(\tilde{M},\tilde{g})$ eine vollständige, 3-dimensionale Riemannsche Mannigfaltigkeit von konstanter, positiver Schnittkrümmung α und M eine kompakte, zusammenhängende, orientierbare Fläche, so gilt

$$\tau(M;(\tilde{M},\tilde{g})) = \frac{1}{2}(|\chi(M)| - \chi(M)).$$

<u>Beweis:</u> Nach (6.6) genügt der Beweis von

$$\tau(M;(\tilde{M},\tilde{g})) \leq \frac{1}{2}(|\chi(M)| - \chi(M)).$$

Weiter kann man sich auf den Fall beschränken, daß $(\tilde{M},\tilde{g}) = (S^3_\alpha,\langle\ldots,\ldots\rangle)$ ist, denn jede Zusammenhangskomponente von $(\tilde{M},\tilde{g})$ besitzt $(S^3_\alpha,\langle\ldots,\ldots\rangle)$ als universelle Überlagerung. Also existiert eine Isometrie $\pi\colon (S^3_\alpha,\langle\ldots,\ldots\rangle) \to (\tilde{M},\tilde{g})$, und für jede Immersion $f\colon M \to S^3_\alpha$ gilt dann $\tau(\pi\circ f) = \tau(f)$.

Wir unterscheiden nun nach dem Wert der Eulerschen Charakteristik von M drei Fälle:

<u>1.Fall: $\chi(M) = 2$.</u> Die kanonische Einbettung $S^2_\alpha \to S^3_\alpha$ (Inklusion) ist eine total-geodätische Einbettung, hat also verschwindende totale Absolutkrümmung.

Der nachstehende Beweis für $\chi(M) = 0$ dient der Vorbereitung des dritten Falles. Einen einfacheren Beweis für den Torus geben wir in (6.13.ii).

<u>2.Fall: $\chi(M) = 0$.</u> Für $\varrho > 0$ sei $B(\varrho)$ die abgeschlossene Vollkugel vom Radius ϱ um den Ursprung des $\mathbf{R}^3$. Weiter sei $\varphi\colon \mathbf{R} \to \mathbf{R}$ eine konvexe C^∞-Funktion mit $\varphi(t) = |t|$ für alle t mit $8\alpha t^2 \geq 1$. Schließlich sei für $\vartheta \in]0,\frac{\pi}{4}[$ und $\lambda \in]0,1]$:

$$Z_\vartheta := \{\, p \in \mathbf{R}^3 \ / \ p_2^2 + p_3^2 = \varphi(p_1)^2 \operatorname{tg}^2\vartheta \,\}$$

$$Z_{\vartheta,\lambda} := \{\, \lambda p \ / \ p \in Z_\vartheta \,\}.$$

Dann ist $Z_{\vartheta,\lambda}$ ein topologischer Zylinder im $\mathbf{R}^3$ und $Z_\vartheta - B(\frac{1}{2\sqrt{\alpha}})$ enthalten im Mantel eines Doppelkegels mit Spitze 0 und Öffnungswinkel 2ϑ.

Wir bezeichnen mit $i_{\vartheta,\lambda}\colon Z_{\vartheta,\lambda} \to \mathbf{R}^3$ die Inklusion und mit $\tau(i_{\vartheta,\lambda},0)$ bzw. $\tau(i_{\vartheta,\lambda},\alpha)$ die totale Absolutkrümmung von $i_{\vartheta,\lambda}$ bezüglich der euklidischen

Metrik <...,...> bzw. bezüglich der Metrik g_α, vgl. (6.7). Analog seien $\tau(i_{\vartheta,\lambda}|U,0)$ und $\tau(i_{\vartheta,\lambda}|U,\alpha)$ für offenes $U \subset Z_{\vartheta,\lambda}$ definiert. Die dabei auftretenden Integrale existieren, denn, wie man leicht sieht, ist für $\gamma \in \{0,\alpha\}$

$$\tau(i_{\vartheta,\lambda}|Z_{\vartheta,\lambda} - B(\tfrac{\lambda}{2\sqrt{\alpha}}),\ \gamma) = 0.$$

Daher ergibt sich aus (6.9):

$$\lim_{\lambda\to 0} \tau(i_{\vartheta,\lambda},\alpha) = \lim_{\lambda\to 0} \tau(i_{\vartheta,\lambda}|Z_{\vartheta,\lambda} \cap B(\tfrac{\lambda}{2\sqrt{\alpha}}),\ \alpha) = \tau(i_{\vartheta,1},0).$$

Weiter folgt aus der Definition von Z_ϑ (Konvexität von φ!), daß

$$\tau(i_{\vartheta,1},0) = 2\sin\vartheta$$

für alle $\vartheta \in]0,\frac{\pi}{4}[$. Also gibt es zu jedem $\varepsilon \in \mathbf{R}_+$ ein Paar (ϑ,λ) aus $]0,\frac{\pi}{4}[\times]0,1]$ mit

$$\tau(i_{\vartheta,\lambda},\alpha) < \varepsilon. \tag{1}$$

Nun sei σ_+ die stereographische Projektion von S^3_α – {Nordpol} auf $\mathbf{R}^3$. Bekanntlich ist dies eine Isometrie von (S^3_α – {Nordpol}, <...,...>) auf (C^3_α, g_α). Analoges gilt für die stereographische Projektion σ_- vom Südpol aus. Wählt man nun ϑ,λ gemäß (1), so ist

$$T := (\sigma_+)^{-1}(Z_{\vartheta,\lambda} \cap B(\tfrac{1}{\sqrt{\alpha}})) \cup (\sigma_-)^{-1}(Z_{\vartheta,\lambda} \cap B(\tfrac{1}{\sqrt{\alpha}}))$$

eine zu M (= Torus) diffeomorphe, differenzierbare Untermannigfaltigkeit von S^3_α, deren totale Absolutkrümmung nach (1) kleiner als 2ε ist.

<u>3.Fall: $\chi(M) < 0$.</u> Die Bezeichnungen seien wie im 2.Fall gewählt. Es sei $a := 1 - \chi(M)/2$ und ε eine positive Zahl. Wir wählen $\vartheta \in]0,\frac{\pi}{4}[$ so, daß

$$\tau(i_{\vartheta,1},0) < \varepsilon. \tag{2}$$

In Z_ϑ lassen sich (vgl.Skizze auf der nächsten Seite) innerhalb von $B(\frac{1}{2\sqrt{\alpha}})$ a–1 Henkel so einsetzen, daß für die entstehende Fläche Z^a_ϑ gilt:

$$\tau(Z^a_\vartheta \hookrightarrow \mathbf{R}^3,0) < \varepsilon + (a-1)(2+\varepsilon). \tag{3}$$

Definiert man nun $Z^a_{\vartheta,\lambda}$ und $i^a_{\vartheta,\lambda}$ zu Z^a_ϑ analog zum 2.Fall, so findet man mittels (3) und (6.9) wie oben die Existenz eines $\lambda \in]0,1]$ mit

$$\tau(i^{a}_{\vartheta,\lambda},\alpha) < 2\varepsilon + (a-1)(2+\varepsilon), \tag{4}$$

und wegen (2) ohne Beschränkung der Allgemeinheit

$$\tau(i_{\vartheta,\lambda},\alpha) < 2\varepsilon. \tag{5}$$

Schließlich ist

$$(\sigma_+)^{-1}(Z^{a}_{\vartheta,\lambda} \cap B(\tfrac{1}{\sqrt{\alpha}})) \cup (\sigma_-)^{-1}(Z_{\vartheta,\lambda} \cap B(\tfrac{1}{\sqrt{\alpha}}))$$

eine zu M diffeomorphe, differenzierbare Untermannigfaltigkeit von S^3_α, deren totale Absolutkrümmung nach (4),(5) kleiner als

$$2\varepsilon + 2\varepsilon + (a-1)(2+\varepsilon) = |\chi(M)| + (3+a)\varepsilon$$

ist. Damit ist der Satz bewiesen.

Der Beweis des letzten Satzes im Falle $\chi(M) \leqq 0$ beruhte im wesentlichen darauf, daß die totale Absolutkrümmung der zweifach gelochten Sphäre $Z_{\vartheta,\lambda} \cap B(\frac{1}{\sqrt{\alpha}})$ für $\vartheta,\lambda \to 0$ gegen Null konvergiert. Ausgehend von geeigneten Immersionen der doppelt gelochten projektiven Ebene bzw. Kleinschen Flasche, für die die entsprechenden Grenzwerte der Krümmung 1 bzw. 2 betragen, erhält man auf die gleiche Weise wie oben einen Satz über nicht-orientierbare Flächen mit negativer Eulerscher Charakteristik:

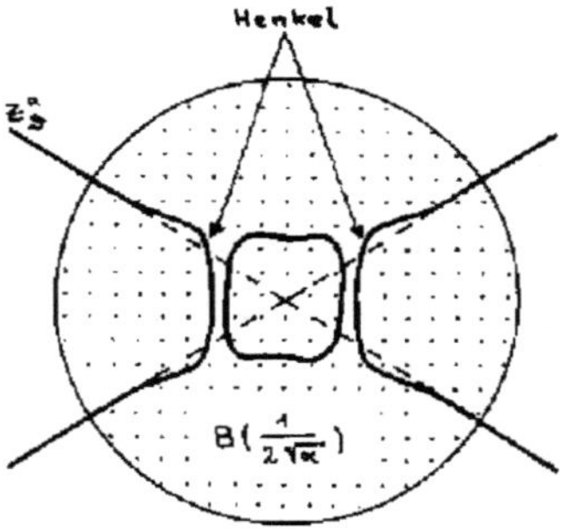

Skizze zu (6.11), Beweis für $\chi(M) = -4$

6.12 **Satz:** Ist $(\widetilde{M},\widetilde{g})$ wie in (6.11) und M eine nicht-orientierbare, zusammenhängende, kompakte Fläche negativer Eulerscher Charakteristik, so gilt:

$$\tau(M;(\widetilde{M},\widetilde{g})) = \frac{1}{2}(|\chi(M)| - \chi(M)) = |\chi(M)|.$$

Ist also $(\tilde{M},\tilde{g})$ wie in (6.11) und M eine von der Kleinschen Flasche und der projektiven Ebene verschiedene, kompakte, zusammenhängende Fläche, so gilt die in (6.11) angegebene Formel für $\tau(M;(\tilde{M},\tilde{g}))$. Über die beiden Ausnahmefälle, in denen $\frac{1}{2}(|\chi(M)| - \chi(M)) = 0$ ist, sind keine allgemeinen Resultate bekannt. Ein Teilergebnis liefern die beiden folgenden Beispiele:

6.13 Beispiele:

(i) Jede projektive Hyperebene im elliptischen Raum $(P^3(\mathbf{R}), h_\alpha)$ der Schnittkrümmung α ist (als total-geodätische Untermannigfaltigkeit) mit verschwindender totaler Absolutkrümmung eingebettet.

(ii) Sei $\alpha > 0$ und $\vartheta \in]0,\frac{\pi}{2}[$.

$$T_\vartheta := \{ p \in S^3_\alpha \;/\; \alpha(p_1^2 + p_2^2) = \cos^2\vartheta \text{ und } \alpha(p_3^2 + p_4^2) = \sin^2\vartheta \}$$

ist ein flacher Torus in S^3_α, und daher gilt nach (6.5) für die Inklusion $i_\vartheta\colon T_\vartheta \to S^3_\alpha$: $\tau(i_\vartheta) = \frac{\alpha}{2\pi}$ Volumen von T_ϑ. Die Berechnung des Volumens liefert:

$$\tau(i_\vartheta) = \pi \sin 2\vartheta. \tag{1}$$

(Dies ergibt einen anderen Beweis von (6.11) im Falle $\chi(M) = 0$).
Die Beschränkung der Abbildung $(p_1,p_2,p_3,p_4) \longmapsto (p_1,-p_2,-p_3,-p_4)$ auf $\bar{S} := S^3_\alpha - \{(1,0,0,0),(-1,0,0,0)\}$ ist eine differenzierbare, fixpunktfreie Involution, induziert also eine Operation von $\mathbf{Z}_2$ auf $\bar{S}$, und der Quotient $\bar{S}/\mathbf{Z}_2$ wird auf kanonische Weise eine (allerdings nicht vollständige) Riemannsche Mannigfaltigkeit $(\tilde{M},\tilde{g})$ mit konstanter Schnittkrümmung α.
Sei $\pi\colon \bar{S} \to \tilde{M}$ die Projektion. Dann sieht man leicht, daß $\pi|T_\vartheta$ eine doppelte Überlagerung von T_ϑ auf eine Kleinsche Flasche $\pi(T_\vartheta)$ ist. Für die Inklusion $j_\vartheta\colon \pi(T_\vartheta) \to \tilde{M}$ gilt nach (1):

$$\tau(j_\vartheta) = \frac{\pi}{2} \sin 2\vartheta.$$

Läßt man ϑ gegen Null gehen, so ergibt sich für die oben definierte

Mannigfaltigkeit $(\tilde{M},\tilde{g})$:

$$\tau(\text{Kleinsche Flasche};(\tilde{M},\tilde{g})) = 0.$$

Als Folge von (6.6), (6.11) und (6.12) erhält man den folgenden Satz über minimale Immersionen:

6.14 Satz: $(\tilde{M},\tilde{g})$ sei eine vollständige, 3-dimensionale Riemannsche Mannigfaltigkeit mit konstanter, positiver Schnittkrümmung α. M sei eine kompakte, zusammenhängende Fläche und $f: M \to \tilde{M}$ eine Immersion. Falls M nichtorientierbar ist, gelte $\chi(M) < 0$.

Dann sind folgende Aussagen äquivalent:

(i) f ist $(\tilde{M},\tilde{g})$-minimal.

(ii) $\tau(f) = 0$.

(iii) $(M,f^*\tilde{g})$ ist isometrisch zu $(S^2_\alpha,\langle\ldots,\ldots\rangle)$.

Beweis:

(i) äquivalent (ii): Nach (6.11), (6.12) gilt in den angegebenen Fällen $\tau(M;(\tilde{M},\tilde{g})) = \frac{1}{2}(|\chi(M)| - \chi(M))$. Ist also f $(\tilde{M},\tilde{g})$-minimal, so ergibt (6.6.ii) $\chi(M) > 0$. Also ist dann nach Voraussetzung $\chi(M) = 2$ und $\tau(f) = 0$. Die umgekehrte Richtung ist trivial.

(ii) äquivalent (iii): $\tau(f) = 0$ gilt genau dann, wenn die Gaußsche Krümmung von f verschwindet. Das ist aber nach (6.5) äquivalent dazu, daß $(M,f^*\tilde{g})$ von konstanter Schnittkrümmung α, also isometrisch zu $(S^2_\alpha,\langle\ldots,\ldots\rangle)$ oder zur entsprechenden projektiven Ebene ist. Die letztere ist aber nach Voraussetzung ausgeschlossen.

ANHANG: Ein Beispiel.

Wir wollen im folgenden zeigen, daß es für beliebiges, positives δ differenzierbar nicht-triviale Knoten in euklidischen Räumen der Kodimension 2 gibt, deren totale Absolutkrümmung kleiner als $4 + \delta$ ist; vergleiche den Satz (5.5).

Zunächst beweisen wir einen dazu benötigten Satz über die "Auflösung" kritischer Untermannigfaltigkeiten in nicht-degenerierte kritische Punkte, der auch für sich genommen interessant ist und den wir durch das folgende Lemma vorbereiten:

A.1 Lemma:

Voraussetzung: Seien $k, m \in \mathbf{N}$ mit $0 \leq k < m$. Sei $e_1, \ldots, e_m$ die kanonische Basis des $\mathbf{R}^m$ und $x_1, \ldots, x_m$ die dazu duale Basis. Setze $E_k := \bigcap_{j=k+1}^{m} \ker x_j$. Sei weiter $\phi: \mathbf{R}^m \to \mathbf{R}$ differenzierbar und

$$\phi | E_k = 0. \qquad (1)$$

Sei $r \in \{0, \ldots, k\}$ und $s \in \{0, \ldots, m-k\}$. Setze dann

$$\sigma_i := \begin{cases} -1 & \text{für} \quad 1 \leq i \leq r \quad \text{bzw.} \quad k+1 \leq i \leq s+k \\ +1 & \text{für} \quad r+1 \leq i \leq k \quad \text{bzw.} \quad s+k+1 \leq i \leq m, \end{cases}$$

und definiere $h_\varepsilon: \mathbf{R}^m \to \mathbf{R}$ für $\varepsilon \in \mathbf{R}$ durch

$$h_\varepsilon := \varepsilon \left(\sum_{i=1}^{k} \sigma_i x_i^2 + \phi \right) + \sum_{i=k+1}^{m} \sigma_i x_i^2 .$$

Behauptung: Es gibt $\delta_1 \in \mathbf{R}_+$, so daß zu jedem $\delta_0 \in]0, \delta_1[$ ein $\varepsilon_0 \in \mathbf{R}_+$ mit folgenden Eigenschaften existiert:

Für alle $\varepsilon \in]0, \varepsilon_0[$ ist $h_\varepsilon | \{ p \in \mathbf{R}^m \, / \, \| p \| < \delta_0 \}$ eine Morse-Funktion mit genau einem kritischen Punkt. Dieser ist vom Index $r + s$.

Beweis: (i) Es gilt

$$\operatorname{grad} h_\varepsilon = \sum_{i=1}^{k} \varepsilon \left(2\sigma_i x_i + \frac{\partial \phi}{\partial x_i} \right) e_i + \sum_{i=k+1}^{m} \left(2\sigma_i x_i + \varepsilon \frac{\partial \phi}{\partial x_i} \right) e_i . \qquad (2)$$

Definiere nun $g: \mathbf{R}\times\mathbf{R}^m \longrightarrow \mathbf{R}\times\mathbf{R}^m$ durch

$$g(\varepsilon,p) := \left(\varepsilon,\ \sum_{i=1}^{k}(2\sigma_i x_i + \frac{\partial\phi}{\partial x_i})_p e_i + \sum_{i=k+1}^{m}(2\sigma_i x_i + \varepsilon\frac{\partial\phi}{\partial x_i})_p e_i\right). \tag{3}$$

Dann gilt für $\varepsilon \neq 0$ und $p \in \mathbf{R}^m$ offenbar:

$$g(\varepsilon,p) = (\varepsilon,0) \text{ genau dann, wenn } \operatorname{grad}_p h_\varepsilon = 0. \tag{4}$$

Weiter ist g differenzierbar und hat die Funktionalmatrix

$$g'(\varepsilon,p) = \left(\begin{array}{c|c|c} 1 & 0 & 0 \\ \hline 0 & \Sigma_1 + D_1(p) & D_3(p) \\ \hline D_0(p) & \varepsilon D_3^{tr}(p) & \Sigma_2 + \varepsilon D_2(p) \end{array}\right), \tag{5}$$

wobei $\Sigma_1 := \begin{pmatrix} 2\sigma_1 & & 0 \\ & \ddots & \\ 0 & & 2\sigma_k \end{pmatrix}$, $\Sigma_2 := \begin{pmatrix} 2\sigma_{k+1} & & 0 \\ & \ddots & \\ 0 & & 2\sigma_m \end{pmatrix}$ gesetzt ist, und die Matrizen D_i aus 1. und 2. Ableitungen von ϕ bestehen.

Aus (1) ergibt sich $D_1(p) = 0$ für $p \in E_k$, und daher ist

$$\det g'(0,0) = \prod_{i=1}^{m} 2\sigma_i \neq 0. \tag{6}$$

Versieht man $\mathbf{R}\times\mathbf{R}^m$ mit der Norm $\|(\varepsilon,p)\| := \max\{|\varepsilon|, \|p\|\}$, so folgt aus der Ungleichung (6):

Es gibt $\delta_1 \in \mathbf{R}_+$, so daß für alle $\delta_0 \in]0,\delta_1[$ die Umgebung $V(\delta_0) := \{(\varepsilon,p) \in \mathbf{R}\times\mathbf{R}^m \,/\, \|(\varepsilon,p)\| < \delta_0\}$ von $(0,0) \in \mathbf{R}\times\mathbf{R}^m$ durch g diffeomorph auf eine Umgebung W_{δ_0} von $(0,0) \in \mathbf{R}\times\mathbf{R}^m$ abgebildet wird.

Wählt man zu $\delta_0 \in]0,\delta_1[$ ein $\tilde{\varepsilon}_0 \in \mathbf{R}_+$ so, daß $V(\tilde{\varepsilon}_0) \subset W_{\delta_0}$, so gilt also:

> Zu jedem $\varepsilon \in]0,\tilde{\varepsilon}_0[$ gibt es genau ein $(\eta,p) \in V(\delta_0)$ mit $g(\eta,p) = (\varepsilon,0)$. (7)

Damit folgt aus (3), (4) und (7) sofort:

> Für jedes $\varepsilon \in]0,\tilde{\varepsilon}_0[$ hat h_ε genau einen kritischen Punkt p mit der Eigenschaft $\|p\| < \delta_0$. (8)

<u>(ii)</u> Sei δ_1 wie in (i). Sei weiter zu $\delta_0 \in]0,\delta_1[$ ein $\tilde{\varepsilon}_0 \in \mathbf{R}_+$ gewählt wie in (i). Es genügt zu zeigen:

Es gibt $\varepsilon_o \in]0,\tilde{\varepsilon}_o[$, so daß für alle $\varepsilon \in]0,\varepsilon_o[$ gilt:
Ist $p \in \mathbf{R}^m$ mit $\| p \| < \delta_o$ ein kritischer Punkt von h_ε, so ist p nicht-degeneriert und vom Index $r + s$. (9)

Wir definieren dazu für $(\varepsilon,q,t) \in \mathbf{R} \times \mathbf{R}^m \times \mathbf{R}$

$$A(\varepsilon,q,t) := \left(\begin{array}{c|c} \varepsilon\Sigma_1 + \varepsilon D_1(q) & tD_3(q) \\ \hline tD_3^{tr}(q) & \Sigma_2 + tD_2(q) \end{array}\right), \tag{10}$$

(Bezeichnungen wie in (i)). Offenbar gilt

$$\det A(\varepsilon,q,\varepsilon) = \varepsilon^k \det g'(\varepsilon,q). \tag{11}$$

Also ist für $\varepsilon \in]0,\tilde{\varepsilon}_o[$ die Abbildung $q \mapsto \det A(\varepsilon,q,\varepsilon)$ auf der δ_o-Umgebung $U(\delta_o)$ des Ursprungs von $\mathbf{R}^m$ nirgends Null. Daraus folgt wegen $A(\varepsilon,q,\varepsilon) = h''_\varepsilon(q)$ sofort, daß $h_\varepsilon | U(\delta_o)$ eine Morse-Funktion ist, und es bleibt der Index des nach (8) einzigen kritischen Punktes p dieser Funktion zu untersuchen. Aufgrund der im Anschluß an (11) gemachten Feststellung gilt, daß dieser Index gerade gleich der Anzahl der negativen Eigenwerte der Matrix $A(\varepsilon,0,\varepsilon)$ ist. Läßt sich nun $\varepsilon_o \in]0,\tilde{\varepsilon}_o[$ so wählen, daß die Funktion $t \mapsto \det A(\varepsilon,0,t)$ für $\varepsilon \in]0,\varepsilon_o[$ auf $[0,\varepsilon]$ nirgends verschwindet, so folgt, daß der Index gleich der Anzahl der negativen Eigenwerte von $A(\varepsilon,0,0)$ ist. Diese Anzahl ist aber offensichtlich $r + s$, und die Behauptung (9) ist bewiesen.

Nun gilt wegen $D_1(0) = 0$:

$$\det A(\varepsilon,0,t) = \sum_{i=0}^{k'} \{\varepsilon^{k-i} t^{2i} \sum_{j=0}^{m-k-i} (a_{ij} t^j)\},$$

wobei die a_{ij} reelle Koeffizienten mit $a_{oo} \neq 0$ sind und $k' := \min\{k,m-k\}$ gesetzt ist. Daraus folgt für $\varepsilon \in \mathbf{R}_+$ und $t \in [0,\varepsilon]$:

$$|\det A(\varepsilon,0,t)| = \varepsilon^k \left| \sum_{i=0}^{k'} (\varepsilon^{-i} t^{2i} \sum_{j=0}^{m-k-i} a_{ij} t^j)\right|$$

$$\geqq \varepsilon^k \{|a_{oo}| - \sum_{j=1}^{m-k} |a_{oj}| \varepsilon^j - \sum_{i=1}^{k'} (\varepsilon^i \sum_{j=0}^{m-k-i} \varepsilon^j |a_{ij}|)\}.$$

Daraus folgt die Behauptung.

A.2 <u>Definition:</u> M sei eine differenzierbare, m-dimensionale Mannigfaltigkeit und $h: M \to \mathbb{R}$ eine differenzierbare Funktion.

<u>(i)</u> K(h) bezeichne die Menge der kritischen Punkte von h.

<u>(ii)</u> $i_h: K(h) \to \mathbb{Z}$ sei die Funktion, die jedem $p \in K(h)$ die Dimension eines maximalen Unterraumes von T_pM zuordnet, auf dem $\text{hess}_p h$ negativ-definit ist.

<u>(iii)</u> $r_h: K(h) \to \mathbb{Z}$ sei die Funktion, die jedem $p \in K(h)$ den Rang von $\text{hess}_p h$ zuordnet.

(Offenbar ist p genau dann nicht-degeneriert, wenn $r_h(p) = m = \dim M$ ist. In diesem Falle ist $i_h(p)$ gerade der Index von p).

A.3 <u>Definition:</u> M und h seien wie in (A.2).
$S \subset M$ heißt eine <u>nicht-degenerierte, h-kritische Untermannigfaltigkeit von M</u> genau dann, wenn gilt:

(i) S ist eine zusammenhängende, differenzierbare Untermannigfaltigkeit von M.

(ii) $S \subset K(h)$.

(iii) Für alle $p \in S$ ist $r_h(p) = m - \dim S$.

In diesem Falle ist $i_h|S$ konstant, und wir nennen den Wert auch den <u>Index von S bezüglich h.</u>

Nach diesen Vorbereitungen können wir nun den angekündigten "Auflösungssatz" formulieren und beweisen. Wir verwenden dabei die Bezeichnungen von (A.2).

A.4 <u>Satz:</u> M sei eine differenzierbare, kompakte Mannigfaltigkeit und $h, \chi: M \to \mathbb{R}$ seien differenzierbare Funktionen. Alle Zusammenhangskomponenten von K(h) seien nicht-degenerierte, h-kritische Untermannigfaltigkeiten von M, und die Beschränkung $\bar{\chi}$ von χ auf die Mannigfaltigkeit K(h) sei eine Morse-Funktion, (d.h. $\bar{\chi} \in \Phi(K(h))$ in der Bezeichnungsweise aus (3.5.i)).

Dann gibt es ein $\varepsilon_0 \in \mathbb{R}_+$ und eine Abbildung

$$k:]0,\varepsilon_0[\times K(\bar{\chi}) \to M$$

mit folgenden Eigenschaften:

(i) Für alle $\varepsilon \in]0,\varepsilon_0[$ ist $h_\varepsilon := h + \varepsilon\chi \in \Phi(M)$.

(ii) Die Abbildung $k_\varepsilon: K(\bar{\chi}) \to M$ mit $k_\varepsilon(p) := k(\varepsilon,p)$ ist für alle $\varepsilon \in]0,\varepsilon_0[$ eine Bijektion von $K(\bar{\chi})$ auf $K(h_\varepsilon)$.

(iii) Für alle $\varepsilon \in]0,\varepsilon_0[$ gilt:

$$i_{h_\varepsilon} \circ k_\varepsilon = i_h + i_{\bar{\chi}} \, .$$

(iv) Für alle $p \in K(\bar{\chi})$ ist

$$\lim_{\varepsilon \to 0+} k_\varepsilon(p) = p.$$

Beweis: Aus der Voraussetzung folgt, daß $K(h)$ nur endlich-viele Zusammenhangskomponenten besitzt, die sämtlich kompakte Untermannigfaltigkeiten von M sind. Daher ist auch $K(\bar{\chi})$ endlich. Sei nun ϱ eine topologische Metrik für M, die mit der Topologie verträglich ist.

(a) Sei S eine Zusammenhangskomponente von $K(h)$ und $p \in K(\bar{\chi}) \cap S$. Sei $m := \dim M$ (in p) und $n := \dim S$. Wir setzen weiter $r := i_{\bar{\chi}}(p)$ und $s := i_h(p)$. Dann gibt es eine Karte $\tilde{u}: \tilde{U} \to \mathbb{R}^m$ für M um p, so daß gilt:

$$\tilde{u}(p) = 0 \tag{1}$$

$$h|\tilde{U} = h(p) - \tilde{u}_{n+1}^2 - \ldots - \tilde{u}_{n+s}^2 + \tilde{u}_{n+s+1}^2 + \ldots + \tilde{u}_m^2 \tag{2}$$

$$\chi|\tilde{U} = \chi(p) - \tilde{u}_1^2 - \ldots - \tilde{u}_r^2 + \tilde{u}_{r+1}^2 + \ldots + \tilde{u}_n^2 + \phi, \tag{3}$$

wobei $\phi|\tilde{U} \cap S = 0$ ist. Nach (A.1) gibt es dann zu jedem $\delta \in \mathbb{R}_+$ eine Umgebung $U(p)$ von p in M und ein $\varepsilon(p) \in \mathbb{R}_+$, so daß der ϱ-Durchmesser von $U(p)$ kleiner als δ ist und für alle $\varepsilon \in]0,\varepsilon(p)[$ gilt: $h_\varepsilon|U(p) \in \Phi(U(p))$ und $\beta(h_\varepsilon|U(p)) = \beta_{r+s}(h_\varepsilon|U(p)) = 1$, vgl. (3.5).

(b) Sei S wie in (a) und $p \in S - K(\bar{\chi})$. Dann gibt es eine Karte $\tilde{u}: \tilde{U} \to \mathbb{R}^m$ um p mit den Eigenschaften (1) und (2), so daß $\chi|\tilde{U}$ sich schreibt als

$$\chi|\tilde{U} = \chi(p) + \tilde{u}_1 + \Phi$$

mit $\Phi|\tilde{U} \cap S = 0$. Also erhält man auf $\tilde{U}$:

$$dh_\varepsilon(\frac{\partial}{\partial \tilde{u}_1}) = \varepsilon(1 + \frac{\partial \Phi}{\partial \tilde{u}_1}).$$

(Beachte, daß nach der Voraussetzung über p gilt: n = dim S > 0). Weil aber

$$\frac{\partial \Phi}{\partial \tilde{u}_1}(p) = 0$$

ist, gibt es eine Umgebung U(p) von p in M mit $d_q h_\varepsilon \neq 0$ für alle $\varepsilon \in \mathbf{R}_+$ und $q \in U(p)$.

(c) Sei nun $\delta \in \mathbf{R}_+$. Wähle dementsprechend zu jedem $p \in K(\bar{\chi})$ ein U(p) und $\varepsilon(p)$ wie in (a). Da $K(\bar{\chi})$ endlich ist, kann man die U(p) paarweis-disjunkt annehmen. Wähle weiter zu jedem $p \in K(h) - K(\bar{\chi})$ ein U(p) gemäß (b). Dann ist

$$M' := M - \bigcup_{p \in K(h)} U(p)$$

kompakt, und infolgedessen gibt es $\varepsilon' \in \mathbf{R}_+$, so daß für alle $\varepsilon \in [0,\varepsilon']$ $dh_\varepsilon|M'$ keine Nullstelle besitzt. Setzt man nun

$$\varepsilon_o := \min\{\varepsilon', \{\varepsilon(p)/p \in K(\bar{\chi})\}\}$$

und definiert $k(\varepsilon,p)$ für $\varepsilon \in]0,\varepsilon_o[$ und $p \in K(\bar{\chi})$ als den (eindeutig bestimmten) kritischen Punkt von $h_\varepsilon|U(p)$, so sind damit alle Aussagen der Behauptung erfüllt.

A.5 <u>Definition:</u> Seien n,d ungerade natürliche Zahlen ≥ 3. Wir bezeichnen mit $W^{2n-1}(d)$ die Menge aller $(z_o,\ldots,z_n) \in \mathbf{C}^{n+1}$, die den folgenden Gleichungen genügen:

$$z_o^d + z_1^2 + \ldots + z_n^2 = 0$$
$$z_o\bar{z}_o + \ldots + z_n\bar{z}_n = 2.$$

BRIESKORN hat gezeigt (vgl.[3],[16]), daß $W^{2n-1}(d)$ eine zu S^{2n-1} homöomorphe, differenzierbare Untermannigfaltigkeit von $\mathbf{C}^{n+1}$ ist. Insbesondere ist $W^{2n-1}(3)$ die (2n-1)-dimensionale KERVAIRE-Sphäre, und diese ist exotisch für $n \equiv 1 \bmod 4$ und $n \geq 5$.

Wir wenden uns nun in (A.6) und (A.7) dem Beweis von (5.5) zu.

A.6 <u>Satz:</u> Seien n,d ungerade natürliche Zahlen ≥ 3 und $W^{2n-1}(d)$ definiert wie oben. Für $\varepsilon \in \mathbf{R}$ sei $\omega_\varepsilon : \mathbf{C}^{n+1} \to \mathbf{R}$ die durch

$$\omega_\varepsilon(z_o,\ldots,z_n) := \text{Re } z_o + \varepsilon(\text{Re } z_1 + \text{Im } z_1)$$

gegebene, $\mathbf{R}$-lineare Funktion. Dann gilt:
Es gibt $\varepsilon_o \in \mathbf{R}_+$, so daß für alle $\varepsilon \in]0,\varepsilon_o[$ die Funktion $\omega_\varepsilon | W^{2n-1}(d)$ eine Morse-Funktion mit genau 4 kritischen Punkten ist.
(Beachte, daß $W^{2n-1}(d)$ im euklidischen Raum der Kodimension 3 liegt. Durch eine Projektion werden wir später eine Einbettung mit Kodimension 2 erhalten.)

<u>Beweis:</u> Wir gliedern den Beweis in mehrere Abschnitte. Zunächst bestimmen wir die kritischen Punkte von $\omega_o | W^{2n-1}(d)$. Es zeigt sich dann, daß diese gerade zwei nicht-degenerierte, kritische Untermannigfaltigkeiten bilden, die jeweils von der Gestalt einer euklidischen (n-1)-Sphäre sind. Durch Störung von ω_o nach dem Muster von (A.4) erhalten wir dann die Behauptung.)

<u>(i)</u> Sei $<\ldots,\ldots>$ das übliche euklidische Skalarprodukt des $\mathbf{C}^{n+1}$ mit

$$<u,v> := \frac{1}{2}\sum_{i=o}^{n}(u_i\bar{v}_i + \bar{u}_i v_i).$$

Sei ferner für $z = (z_o,\ldots,z_n) \in \mathbf{C}^{n+1}$

$$\varphi(z) := z_o^d + z_1^2 + \ldots + z_n^2 \qquad (1)$$

$$\varphi_1(z) := \text{Re } \varphi(z), \quad \varphi_2(z) := \text{Im } \varphi(z) \qquad (2)$$

$$\varphi_3(z) := <z,z> - 2. \qquad (3)$$

Also ist $W^{2n-1}(d)$ der Durchschnitt der $\varphi_i^{-1}(\{0\})$. Wir wollen die Beschränkung h der Funktion $\omega_o(z) = \text{Re } z_o$ auf $W^{2n-1}(d)$ untersuchen. Ein Punkt $z \in W^{2n-1}(d)$ ist kritischer Punkt von h genau dann, wenn $\text{grad}_z\omega_o = (1,0,\ldots,0)$ eine reelle Linearkombination der $\text{grad}_z\varphi_i$ ist.

Nun gilt (für beliebiges, holomorphes $\varphi = \varphi_1 + i\varphi_2$): Sind $\alpha_1, \alpha_2 \in \mathbf{R}$ und setzt man $\alpha := \alpha_1 + i\alpha_2$, so ist

$$\alpha_1 \operatorname{grad} \varphi_1 + \alpha_2 \operatorname{grad} \varphi_2 = \alpha\overline{\left(\frac{\partial\varphi}{\partial z_o}, \ldots, \frac{\partial\varphi}{\partial z_n}\right)}. \tag{4}$$

Damit erhält man: $z \in W^{2n-1}(d)$ ist kritischer Punkt von h genau dann, wenn es $\alpha \in \mathbf{C}$ und $\beta \in \mathbf{R}$ gibt, so daß für alle $k \in \{1, \ldots, n\}$ gilt:

$$\alpha d\bar{z}_o^{d-1} + 2\beta z_o = 1 \tag{5_o}$$

$$\alpha\bar{z}_k + \beta z_k = 0. \tag{5_k}$$

(ii) Lemma A: Ist z kritischer Punkt von h, so gilt: Es gibt $z_o \in \mathbf{C}$, $\sigma \in \mathbf{R}$ und $(\varrho_1, \ldots, \varrho_n) \in \mathbf{R}^n$, so daß

$$z = (z_o, \varrho_1 e^{i\sigma}, \ldots, \varrho_n e^{i\sigma}). \tag{6}$$

Beweis: Aus (5_k) erhält man durch Subtraktion der konjugierten Gleichung

$$\bar{z}_k(\alpha - \beta) + z_k(\beta - \bar{\alpha}) = 0$$

und daraus durch einfache Umformung

$$(\bar{z}_k - z_k)(\alpha + \bar{\alpha} - 2\beta) = (\bar{z}_k + z_k)(\bar{\alpha} - \alpha). \tag{7}$$

1.Fall: $\alpha = \bar{\alpha}$

Dann ist entweder $\alpha + \bar{\alpha} = 2\beta$ oder für alle $k \in \{1, \ldots, n\}$ gilt $z_k = \bar{z}_k$, woraus mit $\sigma = 0$ sofort die Behauptung folgt. Ist $\alpha + \bar{\alpha} = 2\beta$, also $\alpha = \beta$, so liefert (5_o): $\alpha \neq 0 \neq \beta$, und (5_k) ergibt $\bar{z}_k + z_k = 0$ für alle $k \in \{1, \ldots, n\}$. Dann erhält man die Behauptung des Lemmas mit $\sigma := \frac{\pi}{2}$.

2.Fall: $\alpha \neq \bar{\alpha}$

Dann ergibt (7):

$$(\bar{z}_k - z_k)\,\frac{\alpha + \bar{\alpha} - 2\beta}{\bar{\alpha} - \alpha} = \bar{z}_k + z_k,$$

und das bedeutet $\operatorname{Im} z_k = \text{const.} \operatorname{Re} z_k$ mit von k unabhängiger Konstante. Damit ist das Lemma bewiesen.

(iii) Lemma B: Ist z kritischer Punkt von h und dargestellt wie in (6), so gilt

$$|z_o| = \sum_{k=1}^{n} \varrho_k^2 = 1. \tag{8}$$

Beweis: Es ist

$$|z_o^d| = |-\sum_{k=1}^{n} z_k^2| = \sum_{k=1}^{n} \varrho_k^2 = 2 - |z_o|^2,$$

also $|z_o|^d - |z_o|^2 - 2 = 0$. Aber die Funktion $t \mapsto t^d + t^2 - 2$ hat genau eine positive Nullstelle, nämlich für $t = 1$.

(iv) Aus (ii) und (iii) folgt: Ist z kritischer Punkt von h, so gilt

$$z = (e^{i\tau}, \varrho_1 e^{i\sigma}, \dots, \varrho_n e^{i\sigma}) \quad \text{mit} \quad \Sigma \varrho_i^2 = 1. \tag{9}$$

Es ist nun zu entscheiden, für welche z der angegebenen Gestalt wirklich kritische Punkte vorliegen. Dabei kann man sich auf Punkte der Gestalt

$$z = (e^{i\tau}, e^{i\sigma}, 0, \dots, 0) \tag{10}$$

beschränken, denn daraus gehen alle Punkte der Gestalt (9) unter der Operation $(a_{ik})z := (z_o, \sum_{k=1}^{n} a_{1k}z_k, \dots, \sum_{k=1}^{n} a_{nk}z_k)$ von $O(n)$ auf $W^{2n-1}(d)$ hervor, und sie haben das gleiche kritische Verhalten wegen der $O(n)$-Invarianz von h. ($O(n)$ = reelle orthogonale Gruppe.)

(v) Lemma C: h hat genau die beiden folgenden Mengen kritischer Punkte:

$$S_+ := \{ (1, i\varrho_1, \dots, i\varrho_n) \ / \ \Sigma \varrho_k^2 = 1 \} \tag{11$_+$}$$

$$S_- := \{ (-1, \varrho_1, \dots, \varrho_n) \ / \ \Sigma \varrho_k^2 = 1 \} \tag{11$_-$}$$

Beweis: Sei z ein kritischer Punkt von der Form wie in (10). Aus (5_1) folgt

$$\alpha = -\beta e^{2i\sigma}. \tag{12}$$

Aus (5_o) folgt durch Multiplikation mit $\bar{z}_o = e^{-i\tau}$ unter Berücksichtigung von (8):

$$\alpha d e^{-id\tau} + 2\beta = e^{-i\tau}, \tag{13}$$

und daher wegen (12):

$$\beta(2 - de^{2i\sigma - id\tau}) = e^{-i\tau}. \tag{14}$$

Andererseits ergibt sich aus $\varphi(z) = 0$:

$$e^{2i\sigma - id\tau} = -1, \tag{15}$$

und man erhält

$$\beta(2 + d) = e^{-i\tau}. \tag{16}$$

Da β reell ist, ergibt sich $e^{-i\tau} \in \{+1,-1\}$. Aus (15) erhält man $e^{i\sigma} \in \{+1,-1\}$, falls $e^{i\tau} = -1$, und $e^{i\sigma} \in \{+i,-i\}$, falls $e^{i\tau} = +1$. Also kann h höchstens auf $S_+ \cup S_-$ kritische Punkte haben. Aber da $W^{2n-1}(d)$ kompakt und h nicht konstant ist, folgt sofort, daß hier wirklich kritische Punkte vorliegen.

(vi) Wir wollen nun Satz (A.4) anwenden, um durch eine Störung von h die beiden kritischen Mannigfaltigkeiten S_+ und S_- in kritische Punkte aufzulösen. Dazu müssen wir jedoch zunächst noch verifizieren, daß S_+ und S_- nicht-degeneriert sind. Offenbar kann man sich dabei auf S_+ beschränken und hier wiederum, aus den in (iv) genannten Symmetrie-Gründen, auf den Punkt

$$z := (1,i,0,\dots,0). \tag{17}$$

Zu zeigen ist also, daß der Nullraum von $\mathrm{hess}_z h$ genau aus den zu S_+ tangentialen Vektoren von $T_z W^{2n-1}(d)$ besteht.
Seien nun $X,Y \in T_z W^{2n-1}(d)$. Dann gilt nach (3.8):

$$\mathrm{hess}_z h(X,Y) = -\, l_{\mathrm{grad}_z \omega_0}(X,Y), \tag{18}$$

wobei l die 2.Fundamentalform der Inklusion von $W^{2n-1}(d)$ in $\mathbf{C}^{n+1}$ ist.
Nach DOMBROWSKI [7] gilt nun aber:

$$- l_{\mathrm{grad}_z \omega_0}(X,Y) = \sum_{\lambda,\mu=1}^{3} \Phi_{\lambda,\mu} \langle \mathrm{grad}_z \varphi_\lambda, \mathrm{grad}_z \omega_0 \rangle \mathrm{hess}_z \varphi_\mu(X,Y) \tag{19}$$

mit

$$(\Phi_{\lambda,\mu})_{\lambda,\mu} := (\langle \mathrm{grad}_z \varphi_\lambda, \mathrm{grad}_z \varphi_\mu \rangle)^{-1}_{\lambda,\mu}.$$

Dabei sind die φ_λ definiert wie in (1), (2), (3).

Aus (18), (19) ergibt sich durch direkte Rechnung:

$$\mathrm{hess}_z h(X,Y) = \frac{1}{d+2}\{ \mathrm{Re}(d(d-1)X_oY_o + 2\sum_{k=1}^{n} X_kY_k) + 2\langle X,Y\rangle \}, \qquad (20)$$

wobei die X_i, Y_i die Koordinaten von X,Y bezüglich der komplexen Basis $\frac{\partial}{\partial z_o}(z), \ldots, \frac{\partial}{\partial z_n}(z)$ von $T_z\mathbb{C}^{n+1}$ sind.

Nun gilt aber für alle $\mu \in \{1,2,3\}$: $\langle X, \mathrm{grad}_z \varphi_\mu\rangle = \langle Y, \mathrm{grad}_z \varphi_\mu\rangle = 0$, und daher gibt es $\alpha, \beta \in \mathbb{R}$ mit

$$X_o = \alpha i, \quad X_1 = \frac{-d}{2}\alpha, \qquad Y_o = \beta i, \quad Y_1 = \frac{-d}{2}\beta .$$

Aus (20) ergibt sich:

$$\mathrm{hess}_z h(X,Y) = \alpha\beta + \frac{4}{d+2}\sum_{k=2}^{n} \mathrm{Re}\, X_k \,\mathrm{Re}\, Y_k . \qquad (21)$$

Also verschwindet $\mathrm{hess}_z(X,Y)$ bei festem X genau dann für alle Y aus $T_zW^{2n-1}(d)$, wenn $\alpha = 0$ ist und $X_2, \ldots, X_n$ rein-imaginär sind. Das ist aber gleichbedeutend damit, daß X tangential zu S_+ in z ist.

<u>(vii)</u> <u>Anwendung von (A.4):</u> Sei χ die Beschränkung der Funktion

$$(z_o, \ldots, z_n) \longmapsto \mathrm{Re}\, z_1 + \mathrm{Im}\, z_1$$

auf $W^{2n-1}(d)$. Offenbar sind $\chi|S_+$ und $\chi|S_-$ Morse-Funktionen mit jeweils genau 2 kritischen Punkten. Daraus folgt mit (A.4) unmittelbar die Behauptung von (A.6).

A.7 <u>Satz:</u> (Vergleiche (5.5) und (A.5)).

Es seien n,d ungerade natürliche Zahlen $\geqq 3$. Dann gibt es eine Einbettung $f\colon W^{2n-1}(d) \to V$ in einen (2n+1)-dimensionalen $\mathbb{R}$-Vektorraum V und eine Linearform ω auf V, so daß $\omega \circ f \in \Phi(W^{2n-1}(d))$ und $\beta(\omega \circ f) = 4$ ist.

<u>Bemerkung:</u> Da die Sphären-Gruppe bP_{4m+2} für $m \geqq 1$ entweder trivial oder isomorph zu $\mathbb{Z}_2$ ist, im zweiten Fall aber die Kervaire-Sphäre das Erzeugende repräsentiert, ergibt sich aus obiger Behauptung und (5.2) die Formel in (5.6).

<u>Beweis:</u> Setze für $\varepsilon \in \mathbb{R}$

$$q_\varepsilon := (1 + 2\varepsilon^2)^{-1}(1,\ \varepsilon(1+i),\ 0,\dots,\ 0) \in \mathbb{C}^{n+1}$$

und

$$S_\varepsilon := \{\ z \in \mathbb{C}^{n+1}\ /\ \langle z,z\rangle = 2 \ \text{ und } \ z \notin \mathbb{C}q_\varepsilon\ \}.$$

Für $z \in S_\varepsilon$ ist $\| z - \langle z,q_\varepsilon\rangle q_\varepsilon \| \neq \langle z,iq_\varepsilon\rangle$, und wir können $f_\varepsilon\colon S_\varepsilon \to \mathbb{C}^{n+1}$ definieren durch

$$f_\varepsilon(z) := \langle z,q_\varepsilon\rangle q_\varepsilon + \frac{z - \langle z,q_\varepsilon\rangle q_\varepsilon - \langle z,iq_\varepsilon\rangle iq_\varepsilon}{\|z-\langle z,q_\varepsilon\rangle q_\varepsilon\| - \langle z,iq_\varepsilon\rangle}\,. \qquad (*)$$

(Geometrische Beschreibung von f_ε: Den zweiten Summanden von (*) erhält man durch Komposition folgender Abbildungen: Orthogonale Projektion auf die reelle, zu q_ε orthogonale Hyperebene, Normierung auf die Länge 1, Zentralprojektion von iq_ε aus auf die komplexe Hyperebene mit der Gleichung $\langle z,q_\varepsilon\rangle + i\langle z,iq_\varepsilon\rangle = 0$.)

Offensichtlich ist f_ε eine Einbettung von S_ε in die reelle, zu iq_ε orthogonale Hyperebene V_ε von $\mathbb{C}^{n+1}$ mit

$$\langle q_\varepsilon, f_\varepsilon(z)\rangle = \langle z,q_\varepsilon\rangle = (1 + 2\varepsilon^2)\omega_\varepsilon(z),$$

wobei ω_ε definiert ist wie in (A.6). Da nun $W^{2n-1}(d) \subset S_\varepsilon$ für alle hinreichend nah bei 0 gelegenen Werte von ε, läßt sich nach (A.6) ein $\tilde{\varepsilon} \in \mathbb{R}_+$ so wählen, daß neben $W^{2n-1}(d) \subset S_{\tilde{\varepsilon}}$ gilt: Für die Abbildung $f := f_{\tilde{\varepsilon}} | W^{2n-1}(d)$ von $W^{2n-1}(d)$ in $V := V_{\tilde{\varepsilon}}$ ist $(\omega_{\tilde{\varepsilon}}|V)\circ f$ eine Morsefunktion mit genau 4 kritischen Punkten.

Literatur - Verzeichnis

1 BANCHOFF,T.F., Tightly embedded 2-dimensional polyhedral manifolds, Amer.J.Math. 87 (1965), 462 - 472

2 BISHOP,R.L. und R.J.CRITTENDEN, Geometry of manifolds, Academic Press, New York 1964

3 BRIESKORN,E., Beispiele zur Differentialtopologie von Singularitäten, Inv.Math. 2 (1966), 1 - 14

4 CHEN,B.Y., On the total absolute curvature of manifolds immersed in a Riemannian manifold, Kōdai Math.Sem.Rep. 19 (1967), p.299 - 311

5 CHERN,S. und R.K.LASHOF, On the total curvature of immersed manifolds I, Amer.J.Math. 79 (1957), 396 - 398

5a -, On the total curvature of immersed manifolds II, Mich.J.Math. 5 (1958), 5 - 12

6 DOMBROWSKI,P., Vorlesungen über Differentialgeometrie, Bonn 1962/63 und 1965/66, unveröffentlicht

7 -, Krümmungsgrößen gleichungsdefinierter Untermannigfaltigkeiten Riemannscher Mannigfaltigkeiten, erscheint in Math.Nachr.

8 EELS,J. und N.H.KUIPER, Manifolds which are like projektive planes, I.H.E.S. Publ.Math. 14 (1957)

9 ERLE,D., Über eine mod-2-Invariante der Cobordismusklasse eines Knotens, Diplomarbeit, Bonn 1964

10 FARY,I., Sur la courbure totale d'une courbe gauche faisant un noeud, Bull.Soc.Math.France 77 (1949), 128 - 138

11 FENCHEL,W., Über die Krümmung und Windung geschlossener Raumkurven, Math.Ann. 101 (1929), 238 - 252

12 FERUS,D., Über die absolute Totalkrümmung höher-dimensionaler Knoten, Math.Ann. 171 (1967), 81 - 86

13 FOX,R.H., On the total curvature of some tame knots, Ann.Math. 52 (1950), 258 - 261

14 HARTMANN,P. und L.NIRENBERG, On spherical image maps whose Jacobians do not change sign, Amer.J.Math. 81 (1959), 901 - 920

15 HICKS,N.J., Notes on differential geometry, van Nostrand, Princeton 1965

16 HIRZEBRUCH,F., Singularities and exotic spheres, Sém.Bourbaki 1966/67, Exp. n° 314

17 KLINGENBERG,W., Riemannsche Geometrie im Großen, Vorlesungsausarbeitung, Bonn 1962

18 KOBAYASHI,S., Imbeddings of homogeneous spaces with minimum total absolute curvature, Tohoku Math.J. 19 (1967), 63 - 70

19 KOBAYASHI,S. und K.NOMIZU, Foundations of differential geometry I, Interscience, New York 1963

20 KUIPER,N.H., Immersions with minimal total absolute curvature, Coll.Geom.Diff.Glob.,CBRM 1958, 75 - 88

21 -, Sur les immersions a courbure totale minimale, Sém.Ehresmann 1959

22 -, La courbure d'indice k et les applications convexes, Sém. Ehresmann 1960

23 -, On surfaces in euclidean three-space, Bull.Soc.Math.Belg. (1960), p. 1 - 22

24 -, Convex immersions of closed surfaces in E^3, Comm.Math.Helv. 35, (1961), 85 - 92

25 -, On convex maps, Nieuw Archief voor Wiskunde 3,X (1962),147 - 164

26 -, Der Satz von Gauß-Bonnet für Abbildungen in E^N und damit verwandte Probleme, Jahresbericht der DMV 69 (1967), 77 - 88

27 LEVINE,J., Unknotting spheres in codimension two, Topology 4 (1965) p. 9 - 16

28 MILNOR,J., On the total curvature of knots, Ann.Math. 52 (1950), p. 248 - 257

29 -, Differentiable structures, Lectures, Princeton University 1961

30 MILNOR,J., Morse Theory, Ann.Math.Stud. 51, Princeton 1963

31 MORSE,M., The existence of polar non-degenerate functions on differentiable manifolds, Ann.Math. 71 (1960), 352 - 383

32 PALAIS,R., Extending diffeomorphisms, Proc.A.M.S. 11 (1960), p. 274 - 277

33 STALLINGS,J., The topology of high-dimensional piecewise-linear manifolds, Note, Princeton University 1962

34 STERNBERG,S., Lectures on differential geometry, Prentice Hall, Englewood Cliffs, N.J., 1964

35 WILLMORE,T.J. und B.A.SALEEMI, The total absolute curvature of immersed manifolds, J.Lond.Math.Soc. 41 (1966), 153 - 160

36 WILSON,J.P., The total absolute curvature of immersed manifolds, J.Lond.Math.Soc. 40 (1955), 362 - 366

Offsetdruck: Julius Beltz, Weinheim/Bergstr.

Lecture Notes in Mathematics

Bisher erschienen/Already published

Vol. 1: J. Wermer, Seminar über Funktionen-Algebren. IV, 30 Seiten. 1964. DM 3,80 / $ 0.95

Vol. 2: A. Borel, Cohomologie des espaces localement compacts d'après J. Leray. IV, 93 pages. 1964. DM 9,– / $ 2.25

Vol. 3: J. F. Adams, Stable Homotopy Theory. 2nd. revised edition. IV, 78 pages. 1966. DM 7,80 / $ 1.95

Vol. 4: M. Arkowitz and C. R. Curjel, Groups of Homotopy Classes. 2nd. revised edition. IV, 36 pages. 1967. DM 4,80 / $ 1.20

Vol. 5: J.-P. Serre, Cohomologie Galoisienne. Troisième édition. VIII, 214 pages. 1965. DM 18,– / $ 4.50

Vol. 6: H. Hermes, Eine Termlogik mit Auswahloperator. IV, 42 Seiten. 1965. DM 5,80 / $ 1.45

Vol. 7: Ph. Tondeur, Introduction to Lie Groups and Transformation Groups. VIII, 176 pages. 1965. DM 13,50 / $ 3.40

Vol. 8: G. Fichera, Linear Elliptic Differential Systems and Eigenvalue Problems. IV, 176 pages. 1965. DM 13.50 / $ 3.40

Vol. 9: P. L. Ivănescu, Pseudo-Boolean Programming and Applications. IV, 50 pages. 1965. DM 4,80 / $ 1.20

Vol. 10: H. Lüneburg, Die Suzukigruppen und ihre Geometrien. VI, 111 Seiten. 1965. DM 8,– / $ 2.00

Vol. 11: J.-P. Serre, Algèbre Locale. Multiplicités. Rédigé par P. Gabriel. Seconde édition. VIII, 192 pages. 1965. DM 12,– / $ 3.00

Vol. 12: A. Dold, Halbexakte Homotopiefunktoren. II, 157 Seiten. 1966. DM 12,– / $ 3.00

Vol. 13: E. Thomas, Seminar on Fiber Spaces. IV, 45 pages. 1966. DM 4,80 / $ 1.20

Vol. 14: H. Werner, Vorlesung über Approximationstheorie. IV, 184 Seiten und 12 Seiten Anhang. 1966. DM 14,– / $ 3.50

Vol. 15: F. Oort, Commutative Group Schemes. VI, 133 pages. 1966. DM 9,80 / $ 2.45

Vol. 16: J. Pfanzagl and W. Pierlo, Compact Systems of Sets. IV, 48 pages. 1966. DM 5,80 / $ 1.45

Vol. 17: C. Müller, Spherical Harmonics. IV, 46 pages. 1966. DM 5,– / $ 1.25

Vol. 18: H.-B. Brinkmann und D. Puppe, Kategorien und Funktoren. XII, 107 Seiten. 1966. DM 8,– / $ 2.00

Vol. 19: G. Stolzenberg, Volumes, Limits and Extensions of Analytic Varieties. IV, 45 pages. 1966. DM 5,40 / $ 1.35

Vol. 20: R. Hartshorne, Residues and Duality. VIII, 423 pages. 1966. DM 20,– / $ 5.00

Vol. 21: Seminar on Complex Multiplication. By A. Borel, S. Chowla, C. S. Herz, K. Iwasawa, J.-P. Serre. IV, 102 pages. 1966. DM 8,– / $ 2.00

Vol. 22: H. Bauer, Harmonische Räume und ihre Potentialtheorie. IV, 175 Seiten. 1966. DM 14,– / $ 3.50

Vol. 23: P. L. Ivănescu and S. Rudeanu, Pseudo-Boolean Methods for Bivalent Programming. 120 pages. 1966. DM 10,– / $ 2.50

Vol. 24: J. Lambek, Completions of Categories. IV, 69 pages. 1966. DM 6,80 / $ 1.70

Vol. 25: R. Narasimhan, Introduction to the Theory of Analytic Spaces. IV, 143 pages. 1966. DM 10,– / $ 2.50

Vol. 26: P.-A. Meyer, Processus de Markov. IV, 190 pages. 1967. DM 15,– / $ 3.75

Vol. 27: H. P. Künzi und S. T. Tan, Lineare Optimierung großer Systeme. VI, 121 Seiten. 1966. DM 12,– / $ 3.00

Vol. 28: P. E. Conner and E. E. Floyd, The Relation of Cobordism to K-Theories. VIII, 112 pages. 1966. DM 9.80 / $ 2.45

Vol. 29: K. Chandrasekharan, Einführung in die Analytische Zahlentheorie. VI, 199 Seiten. 1966. DM 16.80 / $ 4.20

Vol. 30: A. Frölicher and W. Bucher, Calculus in Vector Spaces without Norm. X, 146 pages. 1966. DM 12,– / $ 3.00

Bitte wenden / Continued

Vol. 31: Symposium on Probability Methods in Analysis. Chairman: D A.Kappos. IV, 329 pages 1967. DM 20,– / $ 5.00

Vol. 32: M. André, Méthode Simpliciale en Algèbre Homologique et Algèbre Commutative. IV, 122 pages. 1967. DM 12,– / $ 3.00

Vol. 33: G. I. Targonski. Seminar on Functional Operators and Equations. IV, 110 pages. 1967. DM 10,– / $ 2.50

Vol. 34: G. E. Bredon, Equivariant Cohomology Theories. VI, 64 pages. 1967. DM 6,80 / $ 1.70

Vol. 35: N. P. Bhatia and G. P. Szegö, Dynamical Systems: Stability Theory and Applications. VI. 416 pages. 1967. DM 24,– / $ 6.00

Vol. 36: A. Borel, Topics in the Homology Theory of Fibre Bundles. VI, 95 pages. 1967. DM 9,– / $ 2.25

Vol. 37: R. B. Jensen, Modelle der Mengenlehre. X. 176 Seiten. 1967. DM 14,– / $ 3.50

Vol. 38: R. Berger, R. Kiehl, E. Kunz und H.-J. Nastold, Differentialrechnung in der analytischen Geometrie IV, 134 Seiten. 1967. DM 12,– / $ 3.00

Vol. 39: Séminaire de Probabilités I. II, 189 pages. 1967. DM 14,– / $ 3.50

Vol. 40: J. Tits, Tabellen zu den einfachen Lie Gruppen und ihren Darstellungen VI, 53 Seiten. 1967. DM 6,80 / $ 1.70

Vol. 41: A. Grothendieck, Local Cohomology. VI, 106 pages. 1967. DM 10,– / $ 2.50

Vol. 42: J. F. Berglund and K. H. Hofmann, Compact Semitopological Semigroups and Weakly Almost Periodic Functions. VI, 160 pages. 1967. DM 12,– / $ 3.00

Vol. 43: D. G. Quillen, Homotopical Algebra. VI, 157 pages. 1967. DM 14,– / $ 3.50

Vol. 44: K. Urbanik, Lectures on Prediction Theory IV, 50 pages. 1967. DM 5,80 / $ 1.45

Vol. 45: A. Wilansky, Topics in Functional Analysis VI, 102 pages. 1967. DM 9,60 / $ 2.40

Vol. 46: P. E. Conner. Seminar on Periodic Maps. IV, 116 pages. 1967. DM 10,60 / $ 2.65

Vol. 47: Reports of the Midwest Category Seminar. IV, 181 pages. 1967. DM 14,80 / $ 3.70

Vol. 48: G. de Rham, S. Maumary and M. A. Kervaire, Torsion et Type Simple d'Homotopie. IV, 101 pages. 1967 DM 9,60 / $ 2.40

Vol. 49: C. Faith, Lectures on Injective Modules and Quotient Rings. XVI, 140 pages. 1967. DM 12,80 / $ 3.20

Vol. 50: L. Zalcman, Analytic Capacity and Rational Approximation. VI, 155 pages. 1968. DM 13,20/$ 3.40

Vol. 51: Séminaire de Probabilités II. IV, 199 pages. 1968. DM 14,– /$ 3.50

Vol. 52: D. J. Simms, Lie Groups and Quantum Mechanics. IV, 90 pages. 1968. DM 8,–/$ 2.00

Vol. 53: J. Cerf, Sur les difféomorphismes de la sphère de dimension trois ($\Gamma_4 = 0$). XII, 133 pages. 1968. DM 12,–/$ 3.00

Vol. 54: G. Shimura, Automorphic Functions and Number Theory. VI, 69 pages 1968. DM 8,–/$ 2.00

Vol. 55: D. Gromoll, W. Klingenberg und W. Meyer, Riemannsche Geometrie im Großen VI, 287 Seiten. 1968 DM 20,– / $ 5.00

Vol. 56: K. Floret und J. Wloka, Einführung in die Theorie der lokalkonvexen Räume. VIII, 194 Seiten 1968. DM 16,– / $ 4.00

Vol. 57: F. Hirzebruch und K. H. Mayer, O(n)-Mannigfaltigkeiten, exotische Sphären und Singularitäten. IV, 132 Seiten. 1968 DM 10,80/$ 2.70

Vol. 58: Kuramochi Boundaries of Riemann Surfaces. IV, 102 pages. 1968 DM 9,60/$ 2.40

Vol. 59: K. Jänich, Differenzierbare G-Mannigfaltigkeiten. VI, 89 Seiten. 1968 DM 8,–/$ 2.00

Vol. 60: Seminar on Differential Equations and Dynamical Systems. Edited by G. S. Jones VI, 106 pages. 1968 DM 9,60 / $ 2.40

Vol. 61: Reports of the Midwest Category Seminar II. IV, 91 pages. 1968. DM 9,60 / $ 2.40

Vol. 62: Harish-Chandra, Automorphic Forms on Semisimple Lie Groups X, 138 pages. 1968. DM 14,–/$ 3.50

Vol. 63: F. Albrecht, Topics in Control Theory. IV, 65 pages. 1968. DM 6,80/$ 1.70

Vol. 64: H. Berens, Interpolationsmethoden zur Behandlung von Approximationsprozessen auf Banachräumen. VI, 90 Seiten. 1968. DM 8,– / $ 2.00

Vol. 65: D. Kölzow, Differentiation von Maßen. XII, 102 Seiten. 1968. DM 8,– / $ 2.00

MIX
Papier aus verantwortungsvollen Quellen
Paper from responsible sources
FSC® C105338

If you have any concerns about our products,
you can contact us on
ProductSafety@springernature.com

In case Publisher is established outside the EU,
the EU authorized representative is:
Springer Nature Customer Service Center GmbH
Europaplatz 3, 69115 Heidelberg, Germany

Printed by Libri Plureos GmbH
in Hamburg, Germany